王颖
著

# 犹太人密码

## 世界上最聪明的思维方式和生存哲学

时事出版社

# 序言

犹太民族是一个古老的民族，这个民族自公元前六世纪起，便开始了长达2000多年的流亡生涯。他们流散在世界各地，饱受无尽屈辱和迫害，仅在第二次世界大战中，就有600万犹太人遭到纳粹杀害。但是这样一个多灾多难、流离失所的民族，却在世界政治、经济、文化、宗教、科学、教育等诸多方面起着举足轻重的作用。犹太民族左手握着财富，右手持有智慧，他们占世界总人口的0.3%，却掌控着欧美国家的经济命脉，对世界的影响无处不在。

犹太民族的发展历史充满着生存的危机感，正是由于他们在2000多年中遭受了无数的痛苦和磨难，使得这个民族在实践经验的基础上积累了大量的优秀智慧，产生独特的生存逻辑和哲学。生存与成功几乎成为犹太人的天性，并深深地刻在他们的本能之中。犹太人对财富、经商、谈判都具有超强的洞察力和敏感力，他们创造出一套独特而非凡的经世之道，成为生命中伟大而神奇的力量。

犹太人具有“世界第一商人”之称，是世界上最富有的民族。全世界最有钱的企业家中，犹太人占到一半。美国排名前40位的富豪家族中，犹太裔占了40%。曾经掌控世界经济命脉的罗斯柴尔德家族、摩根家族、洛克菲勒家族、沃伯格家族、维特根斯坦家族等，都是纯正的犹太人。除了这些家族之外，股神巴菲特、谷歌创始人拉里·佩奇、微软CEO鲍尔默、石油大王哈默、戴尔电脑创始人迈克尔·戴尔、投资鬼才巴鲁克、广告大王萨奇兄弟、船王洛维格、金融大鳄索罗斯、迪斯尼等等都是犹太裔的成功人士。全球餐饮业的巨头可口可乐、麦当劳、肯德基、星巴克咖啡等都由犹太人创建，美国《时代》周刊曾经以美联储主席格林斯潘、财政部长鲁宾、财政副部长萨默斯三人的合影作为封面，并使用“拯救世界三人委员会”的标题，而这三人都是犹太人。

犹太人除了富甲天下之外，也被称为世界上最聪明、最有智慧的民族，他们在世界科学、文艺、政治、哲学、传媒、教育等方面都取得卓越的成就。犹太人获诺贝尔奖的人数超过 240 人，是世界各民族平均数的 28 倍以上，世界十大哲学家中，有八人是犹太人。马克思、列宁、达尔文、弗洛伊德、马斯洛、卡耐基、普利策、基辛格、路透、卡夫卡、毕加索、海涅、卓别林、贝多芬、门德尔松、爱伦堡、斯皮尔伯格等各领域的优秀人物，也都是犹太人或犹太后裔。大科学家爱因斯坦、原子弹之父奥本海默、电子之父赫兹、量子力学家海森堡、空气动力学家冯·卡门、控制论之父维纳、21 世纪数学巨人冯·诺伊曼、大生化学家布洛赫等也都是犹太人。

犹太人崇尚知识和智慧，他们凭借非凡的经营技巧获得大量财富，取得不朽的成就。犹太民族善于学习、善于创新，他们将智慧作为创造财富、获取成功的根基，并在智慧中呈现出他们特立独行、出类拔萃的民族特性。在经商赚钱方面，他们如同天然的“印钞机”；在为人处世方面，他们温顺如羊、灵巧如蛇。犹太民族掌握着世界上最开明、最先进的教育理念，对后代的教育如同对财富的积累一般，拥有独到的技巧和智慧。本书通过叙述若干犹太成功人物的成长故事，对犹太民族的经商之道、管理之道、理财之道、为人之道、处世之道、教育之道等，进行多角度的分析和阐释，全方位展现犹太人的过人智慧。

每个人都希望拥有智慧，渴望获得成功，犹太人独特的逻辑思维和生存哲学，都是我们应该学习和借鉴的，希望本书能给读者带来启示和帮助。

目录
CONTENTS

## Part 1 / 事业之道：从平凡到卓越的距离有多远

Part 2 / 经商之道：绝不错过身边的每一分钱



Part 3 / 管理之道：管理的核心在于统御人心

## Part 4 / 理财之道：计算你的钱，算计他的钱

## Part 5 为人之道：知书先达礼，做事先做人

## Part 6 / 处世之道：坚守原则，厚积薄发



## Part 7 / 生活之道：在理想与现实中寻找幸福

## Part 8 / 教育之道：把个人追求作为最大的发展

# Part 1

# 事业之道：从平凡到卓越的距离有多远

每个人生下来都是一样的平凡，但平凡并不等于平庸，平凡的人看似每天过着平凡的生活，但却做着不平凡的努力。而平庸的人每天不安心平凡，却不愿意去努力，或者轻易放弃努力，最终，他们不得不一生平庸。从平凡到卓越，其间的距离有多远？其实只有一个需要逾越的障碍，那就是选择努力，拒绝平庸。无数人正是因为养成懒惰颓废、好高骛远、贪图小利、轻视工作、马虎大意、敷衍了事的习惯，才终其一生都埋没在最底层，过着浑浑噩噩、抱怨唠叨的生活。

犹太民族有一条古老的箴言："每个人都是一名杰出的艺术家，而不是一名平庸的工匠。"一生带着热情、信心、执着前行，这便是犹太人从平凡走向卓越的不二法宝。

# 你永远要比别人早一步
## ——华纳兄弟与他们的电影事业

犹太民族信奉这样一条定律：先行者强占先机。强调“先”是因为机会非常有限，而成功属于有准备的人。要想抢占先机，就要比别人先行一步。

华纳兄弟娱乐公司由华纳四兄弟于1918年创立，现为好莱坞八大电影公司资金最大、实力最雄厚的电影公司，是全球最大的电影和电视娱乐制作公司。2010年，华纳兄弟发行《盗梦空间》票房过亿美元，公司出品的《哈利·波特》系列电影的全球票房收入超过74亿美元，稳居“最赚钱”的系列电影之首。华纳兄弟认为创造财富的精髓是：“抢先从事其他人不做的工作。”也就是说，要抢先一步寻找商机，市场不可限量，财富也就源源不断。

**走在别人前面，抢占先机**

华纳兄弟是犹太人后裔，他们早年随父亲从波兰移民到美国。四兄弟有哈利·华纳（1881—1958年）、亚伯特·华纳（1883—1967年）、山姆·华纳（1887—1927年）和杰克·华纳（1892—1978年）。兄弟四人自幼酷爱电影，很早就立志将电影作为终身事业。但是，从事电影事业并不那么容易，需要走在别人前面，强占先机和市场。

1903年，华纳兄弟发现，一些煤矿地区的人们手里虽然有钱，但日常娱乐生活非常贫乏。对华纳兄弟来说，这是一个非常好的创业机会，他们决定将电影放映引进矿区，不仅能赚到钱，而且还能朝梦想迈进一步。于是他们买下了一台放映机，在宾西法尼亚州和俄亥俄州的一些煤矿城镇播放电影。由于观看电影的观众非常多，华纳兄弟很快赚到了第一桶金。很多生意人见放映电影赚钱，于是纷纷投资这一行业，与华纳兄弟竞争。而此时华纳兄弟观察到人们在露天的地方看电影，售票和管理都十分不便，因此他们迅速转移策略，在宾西法尼亚的纽卡索建立了第一家五分钱电影院，又比别人抢先一步。从此以后，当地的电影放映从露天转向电影院。

华纳兄弟的电影生意越来越好，跟风者也开始修建电影院，抢夺电影放映市场。到了 1904 年，华纳兄弟又采取行动，不仅在当地拥有设施最好的电影院，还成立了一家电影公司，专门发行电影。此后几年，他们以最快的速度抢占了美国四大洲的电影发行市场。在电影事业的发展上，他们永远比别人早一步。

第一次世界大战期间，电影行业因战争影响开始萎缩。这一时期，华纳兄弟仍然没有放弃电影梦想，他们早期放映电影、开办电影院、发行电影都只是阶段性目标，而他们真正想做的是建立制片厂，自己制作电影。尽管当时电影院生意不好，很多电影院被迫关门，但是他们并不太在意，凭借早期积累的足够资本和经验，趁此机会尝试制作电影。1918 年，他们在好莱坞日落大道成立了华纳兄弟制片厂，山姆和杰克负责制作电影，哈利和亚伯特则处理财务和发行。到了 1923 年，华纳兄弟制片厂正式升级为华纳兄弟影业公司。

影业公司成立之后，华纳兄弟决定将百老汇名剧《淘金女郎》改编成电影。这是公司的第一笔重要交易，但拍摄和演员方面都没有优势，很难与其他老牌电影公司竞争票房。于是华纳兄弟独辟蹊径，在《淘金女郎》的拍摄中邀请了一条名叫“铃叮叮”的狗演员，比别人早一步启用动物演员，让这只小狗的名气甚至超过了当时的大明星。此后，狗演员领衔主演了十多部电影，为华纳兄弟影业公司赚得了可观的票房。

华纳兄弟的电影事业旗开得胜，虽然公司缺乏电影制作经验和实力，但是他们敢于第一个尝试新鲜事物，因此电影创意层出不穷，永远比别人早一步。当时的华纳兄弟影业公司签不到大牌电影明星，于是他们果断签下百老汇演员约翰·巴里摩，让他在电影中担任主要角色。以百老汇演员代替电影明星，这在电影业算是一次创举，老牌电影公司都嘲笑华纳兄弟不懂电影制作，百老汇舞台剧怎能与电影相提并论！

然而事实证明，华纳兄弟的勇敢创举是成功的。百老汇演员功底深厚，而且演技精湛，很快在票房上获得了更可观的成绩。巴里摩主演的《结婚集团》被《纽约时报》被选为1924年十大佳片之一，良好的票房成绩和口碑使得华纳兄弟获利颇丰。到了1924年，华纳兄弟已成为好莱坞最为成功的片商之一，当时规模最大的三家片商——第一国家电影公司、派拉蒙、米高梅唯恐华纳兄弟崛起，于是对电影市场进行垄断，让小公司无法获得更多的发展空间。

当时，华纳兄弟影业公司很难与三大片商竞争对抗，便采取了一系列新的办法。他们与1500家独立电影片商召开联合会议，共同抵制三家大型片商的垄断，在舆论上获得了大多数小公司的支持。很快，华纳公司获得华尔街的财务赞助，银行愿意给他们提供贷款。接着，他们又抢先一步收购了维塔格拉夫制片厂，利用该制片厂的全国发行系统，扩大电影观众的数目。1925年，华纳公司又在多个主要城市发展电台事业，利用自己的电台进行广告宣传，推销公司的影片。就这样，华纳兄弟从普通片商发展成为美国四大电影片商之一，其成功诀窍就在于抢先一步进行谋划，永远比别人早一步占领市场。

### 早一步即是创新

早期的电影都是无声表演，放映电影时，要雇用一些管弦乐队，用音乐配合画面的演出。1925 年以后，华纳成为第一个制作和发行有声电影的公司，开创了有声电影时代。最开始的一年，有声电影发行并不乐观，因为观众们惊奇的发现，电影中竟然出现声音了！他们对于这一突如其来的变化不能接受。公司为此损失了很多钱，但华纳兄弟相信有声电影是未来电影业发展的方向，值得坚持下去，他们要做最早尝试新鲜事物的人。

1926 年，电影《唐璜》出现了配乐和字幕，但票房成绩惨败。随后，华纳兄弟继续努力，在 1927 年的电影《爵士乐歌星》中加入对白和歌唱，历史上第一部真正意义上的有声电影获得了巨大的成功。接下来，华纳公司连续发行有声电影，都获得了相当高的票房。接着，他们并购了许多唱片公司，成立专门为有声电影服务的唱片部门。

20 世纪 30 年代，美国出现经济大恐慌，导致美国的观影人数大幅下降，华纳公司的发展也陷入危机。在很多电影公司无法支撑下去的情况下，华纳公司选择与第一国家电影公司合并，同时兼并更多的电影院，令自身实力获得进一步的增强。此时，观众们早已对歌舞电影感到厌烦，华纳公司决定抢先一步出击，寻找新题材和新形式的电影。

此后，华纳公司果断抛弃歌舞电影，开始制作风格写实的黑帮电影。1935 年，黑帮电影《铁血船长》获得大卖，随后，公司乘胜追击，又制作了《小凯萨》、《人民公敌》、《天崖逃亡人》、《扮演上帝的男人》等电影，获得前所未有的成功。但是好运气并没有持续多久，因黑帮电影涉及一些血腥暴力问题，华纳公司不断遭受质疑和审查，不得不去开拓更多新的电影题材来抢占电影市场。接下来，华纳公司在卡通动画电影方面出现转机，创造出了一系列形象鲜活的卡通人物。动画电影节奏相当快，而且风格多变，搞笑荒诞，视觉效果夸张，迅速地风行起来。在第二次世界大战中，华纳公司拍摄反纳粹和战争题材的电影，如《北非谍影》、《约克军曹》等，也获得了丰厚的利润和良好的口碑。

**创新需要行动力**

华纳公司的电影、唱片、电视网是其三大支柱，随着现代生活的快速发展，影视音乐等娱乐项目几乎成为青少年的天下，吸引青少年观众是华纳公司早人一步发展的举措。1995 年，华纳公司与芝加哥的媒体公司共同成立 WB 电视网，专门以青少年市场为目标，拍摄发行了《魔法奇兵》、《超人前传》、《第七天堂》等季播剧。

20 世纪 90 年代后期，华纳公司获得哈利·波特小说的电影改编权，从此，公司在青少年市场上抢占了先机。2001 年，电影《哈利波特与魔法石》上映，大获成功，紧随其后的哈利·波特系列电影几乎以每年一集的方式上映。在哈利·波特系列让华纳公司赚得盆满钵满的同时，2008 年，华纳公司推出独行侠电影《蝙蝠侠：黑暗骑士》，不仅在全球大卖，而且在年轻观众中兴起蝙蝠侠的热潮。哈利波特与蝙蝠侠令华纳公司的发展再次走向巅峰。

在 21 世纪初，华纳公司先后推出《骇客帝国》三部曲、《蝙蝠侠》系列、《超人》系列、《福尔摩斯》系列、《史酷比》系列、《完美风暴》、《闪电侠》、《诸神之战》、《盗梦空间》等，以科幻、英雄、动漫为主要题材风格，吸引了大批青少年观众，引发了一股崇拜正义英雄的热潮。

走在别人面前是一种勇于行动的实践态度，也是华纳兄弟成功的法宝。从 1918 年至今，华纳兄弟影业公司经历了无数跌宕起伏，但总是以勇敢行动的创新精神获取最后的胜利。创新需要行动力，只有抢先一步行动起来，创新才会产生价值和意义。

**犹太智慧羊皮卷：早做打算，早一步迈出去**

比别人早一步是犹太人的传统致胜术，犹太民族有数不尽出类拔萃的人物，他们在很小的时候就接受了积极开拓、勇于抢先行动的价值观念。华纳兄弟能够在成功的道路上比别人早迈出一步，不仅因为他们拥有非同一般的智慧和敏锐的洞察力，更因为他们热爱电影，在他们的内心深处，早做好打算，将电影作为终身事业。

越早定立人生奋斗的方向和目标，未来成功的几率就越高。没有目标的打算都是空谈，没有方向的努力只会在原地打转。华纳兄弟曾说："我们喜欢电影，只想着制作电影，除了电影，我们不知道能干些什么。"因为只有一个方向，所以勇往直前；因为别无选择，所以从不犹豫。早做打算，才有可能比别人早一步迈出去，有了明确的方向，就算遇到失败和坎坷也不会犹豫退缩。

在成功的道路上，目标、创新、行动，三者一个也不能少，华纳兄弟的一生从未在电影事业这个目标上动摇过，他们在电影上的创新层出不穷，不但实现了个人的梦想，也为世界电影的发展做出贡献。这也是早一步迈出去的意义所在，为自己确立了行动方向，也为后人做了引领前行的灯光。

# 眼睛向低看，从小事做起
## ——大卫·沙诺夫的打杂生涯

犹太民族是世界上最崇尚知识和教育的民族。据统计，犹太人平均每人每年读60本书，这个数据没有任何一个民族可以超越。犹太人特别重视儿童教育，他们让孩子从小就明白，必须从小事做起，才可能实现大事业；必须从脚下出发，才可能攀上远处的高峰。犹太人认为，接受教育不仅仅是在学校里学习知识，人格、道德、性情、习惯方面的磨炼更为重要，这些磨炼都需要从生活中的小事出发，从点点滴滴的积累中获取成功的因素。因此，犹太人不管在哪里生活，不管生活多么贫苦，都千方百计让孩子关注身边的小事，从日常生活的小事中受益，不断积累知识和智慧。

犹太人懂得在刻苦学习中体会生命的真谛，成功不是空中楼阁，人们需要一步一步的奋斗，从眼前的小事做起，为未来的成功筑造每一层阶梯。大卫·沙诺夫被誉为美国广播通讯业之父，他一生的成功便是由勤恳和辛劳铸就而成，无论外界条件多么艰苦，他仍然尽最大努力完成本职工作，在工作的小事中寻求成功的机会。

### 努力做好每一件小事

1881年，大卫·沙诺夫出生在一个普通的犹太家庭，早期艰辛的生活让他的父亲不堪重负而去世，于是生活的重担就落在年少的沙诺夫身上。沙诺夫几乎没有受过正统教育，没在正规的学校里读过几天书。但他从小受到犹太民族的传统家庭教育，知道如何面对艰辛，知道如何从小事做起，认真地担负起家庭的责任。

起初因为年龄过小又缺少工作经验，沙诺夫只能去做一些零杂工。他去了一家电报公司，帮忙跑腿打杂，但是公司无论将多么繁琐的工作交到他手中，他都尽力做到最好。沙诺夫性情开朗谦逊，不懂的问题虚心向他人学习，在打杂的工作中一点点取得进步。所以不管是上司还是同事，都十分喜欢这个勤劳淳朴的小男孩。

在沙诺夫的努力下，电报公司的工作越来越顺手，而他的角色也越来越不可取代。任何人遇到繁琐的工作，都会想到让沙诺夫来帮忙。在众人看来，这个男孩似乎是“万能的沙诺夫”。打杂的经历让沙诺夫找到了自己的兴趣目标，他最初工作时只为了赚钱贴补家用，时间一长，他心中开始怀揣自己的梦想：他想要成为一名电报公司的专职送报员。

这个简单的梦想看似容易，但对于沙诺夫来说，却是一件了不起的事情。他在两年的勤奋工作下，终于得到了上司的认可，凭借自己的努力获得了人生的第一个成功——成为一名专职送报员。从此他更加明白，在成功的道路上绝不能好高骛远，要脚踏实地，从小事做起，才能飞得更高更远。

沙诺夫成为送报员以后，比别人更加努力的工作。无论阴晴雨雪，他的电报都能准时送达到收件人手中。他的努力赢得了所有人的敬意，这为他日后的成功积累了丰富的实践经验和人脉圈子。大卫·沙诺夫在空闲时间自学了发报和收报的相关原理，这时的他虽然还一贫如洗，但已经将成功和财富的理念慢慢积累于心。由于工作的出色，大卫·诺沙夫不久便进驻位于曼哈顿的电报大楼，这里是当时世界上最强大的电报收发台。1912 年，“泰坦尼克号”遇难，正在值班室里的沙诺夫迅速把这一消息发送出去，并且在黄金时间内不断接收和关注相关信息。这一事件一度让大卫·沙诺夫成为大家瞩目的焦点。

成功总是青睐那些脚踏实地、努力前行的人。“泰坦尼克号”遇难对很多人来说是一场灾难，但对沙诺夫来说，却是难得的一次机遇。其他的发报员开始以为这只是一件不起眼的小事，等他们明白事情的严重性时，最好的时机一个人已经与他们擦肩而过。“泰坦尼克号”事件的影响非比寻常，沙诺夫所在的电报台获得了巨额收益，因此沙诺夫也被提升为高级职员。一件小事能决定一个人一生的成败，这件事堪称沙诺夫的人生中最重要的转折点。

前期的成绩并没有让大卫·沙诺夫自我陶醉，他依然像辛勤的蜜蜂一样，不放过采集每一朵鲜花蜜糖的机会。1916 年，大卫·沙诺夫经过长期的研究和努力，向公司提交了一份充满心血与创意的文件，首次提出“无线电乐盒”的新概念，但是当时的上层管理者并没有在意此事，他的意见没有被采纳。虽然上司的拒绝让他心里非常失望，但他深信自己的提议拥有巨大的潜力。事实证明，大卫·沙诺夫提出的新概念影响了后来的无线电发展，也可以被称为未来广播的雏形。

**小事中找寻到大价值和大意义**

1919 年，沙诺夫决定将自己对无线电的构想付诸实践，他与志同道合的朋友一起创立了美国无线电公司，并为公司投入了全部的资金和心血。当时他并没有钱，朋友与他合伙完全是看中他的勤奋、能力和创意。这个公司凭借对无线电的超前卫理念和沙诺夫的踏实勤奋，很快取得了相当的收益，并迅速引发了一场时尚风潮，很多人都在茶余饭后谈论新兴的无线电公司。

很快，沙诺夫的事业进入到了一个小高潮，无线电的成功让他喜出望外。沙诺夫有了更多的自信，新事物不被别人接受，并不代表它没有前途，人们依然可以用强大的信念与力量去打败所谓的权威，证明自己的构想是正确的。沙诺夫开创的新概念经得起别人的否定，经得起时间的磨练，经得起现实的检验，这才是真正意义上的成功。1921 年，沙诺夫成为美国无线电分公司的总经理，他再一次给自己确立了更高的奋斗目标，决心要为自己的人生创造出不朽的辉煌。

当时无线电广播的节目非常单一贫乏，主要以播报新闻为主，若想在无线电方面获得长足发展，必须开发新领域的节目。经过仔细的观察和研究，沙诺夫发现美国人对拳击比赛和各种体育项目非常钟爱，有许多人无法亲临现场观看比赛，却急于知道比赛的精彩过程和结果。于是他尝试在广播中进行赛事实况转播，结果获得了巨大的反响，其节目的收听率直线上升，公司因而获得了大量的广告收入。接下来，沙诺夫又发现大型广播设备携带不方便，于是他研究开发小巧的收音机，适时推出收音机销售，最后不仅在广播上受益颇多，而且让收音机走入了千家万户，得到了广泛的普及。

沙诺夫的目光始终都注视着小事，从小事做起，最终实现了一番大事业。沙诺夫不仅具有相当敏锐的商业头脑，而且愿意眼睛向低看，在细节上做到最好。因此，当转瞬即逝的机遇来临，他便可以稳稳地抓住。年幼时期所经历的磨难塑造了他坚强踏实的个性，他始终认为成功来之不易，即便无线电的生意获得成功，让他成为一个有钱人，他仍然认真谦虚，没有任何狂妄和骄傲。

1926 年，美国全国广播公司（NBC）诞生，沙诺夫担任总裁和董事长的职务。1928 年，他创办了全国广播电视台。1930 年，他担任美国无线电公司总经理。1939 年，在纽约世界博览会上，沙诺夫推出的电视技术取得成功。同年 9 月，第二次世界大战爆发，几乎全世界都处于战乱当中，沙诺夫刚刚推出的电视技术受到严重的冲击。这个时候，他决定重拾无线电通讯，为战争中的美国提供通讯服务。

很快，美国政府对沙诺夫委以重任，并聘请他为美国战时通讯顾问。第二次世界大战结束之后，到了 1947 年，沙诺夫已经成为美国无线电工业的巨头，他的财富已达到数亿美元，并拥有全球最大的电子公司，甚至掌控了全球电子通讯。大卫·沙诺夫由此闻名于世，他的事业达到了一个顶峰，他缔造了一个庞大的无线电帝国。

1970 年，大卫·沙诺夫宣布退休，他的人生是一个传奇，从年幼的打杂小工成为正式的送报员，又从送报员变为发报员，最后慢慢成为无线电行业的一位巨星。他人生中的每一个奋斗目标看起来都很微小，他的每一次进步在别人眼中都是微不足道。正是这一个个的小目标和小进步，最终汇成了巨大而显赫的成功，他在小事中寻找到了大价值和大意义，他创立的电子帝国为后来电子科技的发展做出了卓越的贡献。

**犹太智慧羊皮卷：千里之行，始于足下**

犹太民族的发展史中充满了艰辛和血泪。在 19 世纪末到 20 世纪初，大多数犹太人都像大卫·沙诺夫一样，生活环境困苦恶劣，年纪很小就出来谋生赚钱，处处遭受欺压和歧视。犹太人在两次世界大战中经历了残酷的黑暗生活，但苦难和艰难摧毁不了他们对成功的渴望，以及对梦想的追求。

大卫·沙诺夫的成功可以证明，在每一件小事上都确立一个小目标，然后勤恳认真地完成，力争做到最好，这就为最终的成功打下基础。在追求成功的过程中，不仅仅要看见远处的山，同时还要看见脚下的路。千里之行始于足下，有了执着追求的目标，然后脚踏实地，做好充分准备，一旦时机来临便可以振翅高飞。

世界上一切伟大的事业都是由无数小事构成的，能够将每一件小事做好，必定会成为一个卓越不凡的人。人的成功或许需要客观条件，比如头脑、学识、才华等，但正确对待小事却是成功的主观条件。古今中外多少聪明人物，由于藐视小事情，最终跌倒在小事上，一招棋错，满盘皆输。

# 找准人生发展的空隙
## ——保罗·路透创业始末

世人都羡慕年轻有为的成功者，或是感叹成功者的人生中充满各种各样的机遇，或是唏嘘上帝对成功者的偏爱。但是，世上并没有坐等财富从天而降的美事，不经历坎坷和探索的成功只存在于童话之中。犹太人认为人生的发展历程充满了空隙，每一处空隙都意味着一次机遇。当机遇来临之时，那些毫无准备的人们，只能眼睁睁地望着机遇一闪而过，他们无法发觉隐秘的空隙，也就永远找不到那条完美的成功之路。

犹太人保罗·路透，擅长寻找人生发展的空隙，他早年在做银行职员时，就暗下决心要独自创业经营。1850 年初，布鲁塞尔和亚琛之间还没建立有线电报线路，这件事情对于当时的大多数人来说，根本是可有可无的，既不影响吃喝生活，也不影响正常交际，根本没人关注有线电报的问题。但路透却紧紧抓住这一空隙，并从中看到了成功的机遇。

1851 年，他独自创立了通讯社，并在时代的变迁中不断对通讯社进行改革，最终发展为如今闻名世界的通讯公司，全球四大通讯社之一——路透社。

**从机遇的隙缝中成长**

1816 年 7 月，犹太人保罗·路透诞生在德国的卡塞尔。青年时候的路透经历过很多坎坷和磨难，当过银行职员，干过出版工作，但这些都不是他内心渴望追求的事业。1848 年，德意志大革命失败之后，路透离开德国前往巴黎，去法国寻求全新的发展机会。他进入夏尔·哈瓦斯新闻社工作，很快便喜欢上报社的工作，并产生了独立经营报社的念头。他暗暗告诉自己："我不能一辈子寄人篱下，我要创办自己的通讯社。"于是他开始着手进行准备，先在通讯社里熟悉各类基础工作，又悄悄地开办译报馆。

19 世纪 40 年代的欧洲，一些国家的经济发展突飞猛进，科学技术日新月异，各国都渴望通过通讯窗口了解世界，也想让世界了解本国。因此，当时的通讯业成为热门行业。很多有才华的人纷纷涌入这一时髦的行业，但大家的思想观念仅仅停留在新闻报社，只有路透看得更长远，他发现通讯发展的本质是为了更快联通全世界的消息，新闻报社仅是其中一个方面。

1850 年初,路透发现布鲁塞尔和亚琛之间没有通讯线路，他立刻从中看到了机会，打算创办一所信鸽邮局。随后，他立即将构想付诸实践，先在亚琛建立办事处，积累传递信息的经验，这就是路透社的雏形。其办事处设立在亚琛和布鲁塞尔之间，使用鸽子传递新闻和金融消息，甚至用其来连接柏林和巴黎，这一举动不仅给当时的人带来了巨大的便利，更给路透带来了巨大的成功。

1851 年，路透在英国伦敦设立办事处，并在伦敦证券交易所上市交易，路透社宣告正式成立。当时英国是全世界金融中心和通讯枢纽，路透感觉到，若想把路透社发展成为世界级别的通讯基地，必须借助英国的环境和综合实力。然而，想在异国他乡发展通讯事业，不仅要面临政治压力，还得承受巨大的经济负担。但是路透深知这是一次难得的机遇，一旦错过，就会让路透社与世界顶级通讯社失之交臂。于是，他毅然决然背井离乡，顶着众多压力常年生活在英国，将自己的通讯事业牢牢地扎根于英国，并以此为基础建起了庞大的"新闻通讯王国"。

此后，路透社获得迅猛发展，成为世界上一个主要的金融新闻机构。1857 年 3 月，路透决定后半生定居英国，继续发展扩大路透社的影响和地位。1871 年 9 月，路透在英国被授予男爵称号，那天路透社发出的醒目新闻标题是：“维多利亚女王授予路透英国贵族称号”。

直至今日，路透社早已成为最有影响力的世界级通讯社之一，其创办历史、发展规模与经营效益在各国通讯社中均居前列。路透社的发展是从机遇的缝隙中生长起来的，其创始人保罗·路透拥有敏锐的洞察力和果敢的行动力，是他在机遇来临的一刻奋起行动，找到了人生发展中的成功之路。

**紧跟时代的步伐**

起初，路透社只是在亚琛和布鲁塞尔之间使用鸽子传递新闻，当火车速度远远超过信鸽后，路透社于 1851 年在巴黎证券交易所上市，迅速融资获取大量投资，使火车运输代替了鸽子传递。随后，电报迅速发展，取代了鸽子和火车等联系工具，路透社的电报穿过英吉利海峡，连接了英国和欧洲大陆各国，这种广泛的联系一直延伸到西南海岸的爱尔兰。到了 1863 年，甚至有美国的船队能够直接订阅到路透社的新闻。

在金融信息方面路透社也独占鳌头，它最初向用户提供伦敦和巴黎两地股票交易所的开盘价和收盘价。后来，金融业务信息范围逐渐扩大，通过刚建好的连通英国和法国的海底电缆，收集来自欧洲大陆的各种最新金融信息，然后以“路透社快讯”的形式，出售给众多金融机构和股票商。为广泛收集金融信息，加快传递速度，路透社在欧洲各国主要城市都设立了通讯员，在巴黎、柏林、维也纳、雅典、阿姆斯特丹等商业中心建立通讯和销售网络。

不久之后，欧洲政局动荡，战事频发，人们开始关心形势变化和战事进展，想及时了解与此相关的各种政治、外交和军事新闻。而路透善于发现和找寻时机，凭借其敏锐的观察力为路透社的发展找到了新的契机。当战争连续爆发的时候，路透社原本用于传递金融信息的通讯网络，立刻转向政治和军事，并在传播政治战事新闻中发挥了巨大作用，推动路透社在世界上进一步扩大影响力。在克里米亚战争期间，路透将采集到的最新战况，及时地在英国皇家交易所公布，引起了金融家和商人们的关注和兴趣。渐渐地，路透社以其迅捷、准确的新闻传播手段在国内外经济界赢得了声誉，从而为路透社争取了更多的投资。

1855 年 6 月，英国政府取消“知识税”，从此英国报业获得长足发展，而报纸媒体间的竞争进一步提高了对新闻时效的要求。路透瞄准了这一时机，准确调整发展战略，开发出全新的新闻产品，打算迅速占领媒介市场。然而，当时英国的报纸只相信本社记者采写的新闻，路透企图与报社签订供稿合同的谈判屡屡受挫。特别是英国第一大报《泰晤士报》，态度非常坚决，并在报纸显著的位置刊出路透社受挫的消息，其他报社也都纷纷响应，一起抵制路透社的签约行动。

而路透并没有灰心放弃，因为他十分清楚，一家金融通讯社如果没有新闻报社的储备力量，在新闻日益膨胀的时代很难有新的出路，只能永远停留在金融圈子中。经过不懈的努力和多方谈判，《泰晤士报》总编终于跟路透签订了供稿合同。从此，路透社实现了从金融界到新闻界的跨越，确立了自己在英国新闻界的地位。

此后，路透社发布了拿破仑三世在国会讲演的新闻，从中揭示出德、法、奥地利之间的战争预谋，又及时发布了林肯总统遇刺的独家头条等一系列震惊全球的新闻。这使得路透社的名气传扬海外，声名遐迩。1870 年，英国路透社与法国哈瓦斯通讯社、德国沃尔夫通讯社缔结协定，从此三家通讯社瓜分了世界新闻市场，路透社成了垄断国际新闻传播的通讯巨头。

**擅长寻找空隙并抓住机遇**

适时调整经营方针是路透社持续发展的关键，保罗·路透就是靠着审时度势，不断调整，把路透社一步步引向成功的巅峰。路透夫妇当年在伦敦金融街挂起“路透社办事处”牌子时，身边只有一个 12 岁的小工作人员，传递信息的方式十分原始，只是手抄、口传、快步跑。为了争取更多的用户，路透甚至亲自沿金融大街挨家挨户登门拜访。

到 1878 年路透退休时，路透社已改名为“路透电报公司”，其股份在伦敦交易所上市出售，其新闻与信息传播网络随着电报线路的延伸遍及欧洲、美洲、亚洲和中东地区，几乎每一个国家都有路透社记者的足迹。路透苦心经营了 27 年的路透通讯社，经过几代人的努力，如今已成为拥有数万余员工，在 200 多个国家设有分支机构，成为举世瞩目的通讯帝国之一。

在长达一个半世纪的发展历程中，路透社至今仍然屹立在世界通讯巨头之林，这与第一代创始人路透的机遇理念息息相关。上帝在为每个人铺设了成功之路的同时，也留下了无数的空隙，并将数不清的机遇播撒在人们眼前。虽然每个人的面前都有机遇，但成功者却永远是少数，因为只有擅长寻找空隙并抓住机遇的人，才可以创立一番事业，并将事业永远发展下去。

**犹太智慧羊皮卷：把握空隙和机遇的关系**

世上成功的犹太人数不胜数，他们拥有善于思考的头脑，懂得观察商机，懂得在等待中准备，懂得随时抓住机遇。一切的磨炼和失败都为未来的成功奠定基石，以路透为例子，如果他年轻时没有银行职员和报社工作的经历，以后很难在金融界和新闻界大展拳脚。因此，人生所有的经历，无论好坏与否，无论成功失败，都是有价值的。经历能够培养人的洞察力和敏锐力，一旦发现人生的发展空隙，便能从容不迫地寻找到成功的捷径。

路透社从创立至今经历了无数次的变迁，创始人路透是一位了不起的智者，他懂得在空隙中寻找机会，更懂得及时行动抓住机会，这才成就了如此伟大的事业！100多年来，路透社始终跟随时代的步伐，在瞬息万变的世界中寻找空隙和机遇，随时根据全球局势情况变化和信息市场的需要，调整发展策略，在空隙中开拓出新的发展道路。

成功的道路有千万条，但是一定有最完美的一条路存在，至于能否寻找到这条路，如何能尽快抵达成功的终点，这就需要用智慧来运筹帷幄。拥有丰富的经验，做好充足的准备，寻找发展的空隙，抓住行动的机遇，这是获得成功的四大步骤。毫无经验和准备的人永远看不见与其擦肩而过的机遇，而抓住机遇的关键在于立刻采取行动，否则一切将是镜中月水中花，永远只能停留在幻想当中。

# 成就大业不必拘泥小节
## ——只穿旧衣服的爱因斯坦

有人说犹太民族是世界上最聪明、最神秘、最富有的民族，从某种意义上来说，不了解犹太人就不了解世界。犹太民族是非常独特的一个群体，他们几乎是成功的标杆，无数成功经验被人们膜拜学习。但犹太人同时也是难以琢磨的种族群体，在他们身上总会出现常规之外的成功特例，令一切成功准则丧失意义。

志向高远的犹太人往往不拘小节，他们在成功之路上统顾大局，对于生活细枝末节的小事则不太在意。伟大的犹太裔物理学家阿尔伯特·爱因斯坦便是这样的一个人，他是现代物理学的开创者、集大成者和奠基人，在科学史上有着不可磨灭的地位和影响。爱因斯坦的一生在科学领域成就不朽的伟业，而日常生活却显得平凡而普通，他对科学研究抱着一丝不苟的态度，衣食住行却马马虎虎。他的成功经验与众不同，体现出犹太人独特而丰富的个性和智慧。

**不拘小节是因为目光长远**

小时候的爱因斯坦并不是一个聪明的孩子，而且在众多孩子当中，显得木讷愚笨又不拘小节。他既不擅长繁缛的礼节，也不太听得懂长辈的叮嘱，而且不擅长娱乐表演和讲故事，甚至学不会同龄人玩的各种嬉闹游戏。爱因斯坦的举动时常显得非常古怪，他经常做一些超出同龄孩子智商的事。当别的孩子玩耍做游戏的时候，他却对欧几里得几何和高等数学产生了兴趣。

19世纪末期是物理学的变革时期，在此之前，物理学中的一切动力学理论都以牛顿绝对时空理论为基础，年轻的爱因斯坦却发现牛顿的经典力学存在弊端，于是当其他同龄人游走于社会交际，他却整日蓬头垢面不见人，专心从事物理实验，重新考察物理学的众多基本概念。

最终爱因斯坦写成《论运动物体的电动力学》一文，建立了独特的物理观念，提出震惊科学界的相对论。人们很难想象，这一位看起来表情呆滞，外表老实，不善言谈，不修边幅的犹太人，竟然是世界上最伟大的科学家之一，是世界上最聪明的人之一。

爱因斯坦的成功给很多人带来猛烈的冲击，在传统的成功故事里，主人公都是自幼聪明伶俐，精明能干，善于交流沟通，外表整洁干净，对人彬彬有礼的类型。但是这样的形象全被爱因斯坦颠覆了，他用独特的成功经验向世人展现了一个真理：成大事者不拘小节，不拘小节是因为目光长远。

**不拘小节是为了把精力投入大局**

爱因斯坦在科学界成功了，成为一颗闪闪发亮的明星，这并不是因为他的运气好，也不是因为他拥有多少科学资源，而是他将全身心都投入到科学事业的大局当中，即便成为一个不修边幅、不拘小节的典型，也在所不惜。

爱因斯坦曾说："一个人只有全部精力集中于他的事业的时候，才能成为一位大师！"有一次科学交流会上，有人问爱因斯坦，声音在空气中的传播速度是多少，这是当时很流行的一个有关"科学知识测验"的问题。爱因斯坦用手托住下巴，想了一下，然后很认真地说："很对不起，我不记得了。不过为什么要记它呢？随便一本物理参考书都能找到这个数字。"他直率的回答让全场人都感到惊讶，提问者也一时愣住了，伟大的科学家竟然不知道声音的传播速度，这怎么可能呢！

但是，对于爱因斯坦来说，不记得这些细枝末节的数据又能怎样呢？既然已经是众所周知的东西，就根本不需要记得。记住一些无用的东西，便会浪费很多脑力和精力，不但占用大脑空间，还妨碍大脑的发展进化。

爱因斯坦经常在世人面前展示他“差劲”的记忆力，他在记者面前回答问题也丝毫不拘小节，常常直截了当地说“不知道，不记得”。人们怀疑爱因斯坦的智商并不高，世上绝大多数人肯定都比他聪明。直到爱因斯坦过世之后，科学家研究他的大脑，才发现他的大脑运用和开发已经达到目前人类的极限，他是世界上最聪明的人。

爱因斯坦在琐事上不拘小节，但他在科学研究上却认真投入。1905 年，爱因斯坦创造了一个在科学史上史无前例的奇迹。3 月，他发表了量子论，提出光量子假说，解决了光电效应问题。4 月，向苏黎世大学提交论文《分子大小的新测定法》，取得博士学位。5 月，他完成论文《论动图的电动力学》，独立而完整地提出狭义相对性原理，开创了物理学的新纪元。同年，爱因斯坦由专利局的试用人员转为正式三级技术员，又由三级技术员升职为一级技术员。在后半年当中，他写了大大小小六篇论文，在科学三大领域做出了四项有划时代意义的贡献。这一年也因此被称为“爱因斯坦奇迹年”。

**不拘小节，人生需要简单**

爱因斯坦的不拘小节在外表上最为明显，他蓄着一撮短而硬的小胡子，棕褐色的眼睛深陷在眼窝里，灰白头发松散蓬乱，朝脑袋的四面八方自由生长。他总是穿着又肥又长的大衣，大衣的款式十分老旧，远看像一条大被单似的，这副形象与他伟大科学家的身份完全不符。

有一次，爱因斯坦走在纽约的大街上，他最好的朋友遇见了他，很无奈地对他说：“爱因斯坦，你该买件新衣服了，看看你的衣服多旧啊！”但是爱因斯坦却小声回答说：“没关系的，反正这里没有人认识我。”几年以后，爱因斯坦成为世界著名的科学家，在物理学界获得了很高的荣誉。但他仍然过着艰苦朴素的生活，那件衣服依然还穿在身上。这时，朋友再次遇见他，劝他去买件新衣服，但是爱因斯坦却说："我不需要买新衣服了，因为这里每个人都认识我。"

有一次爱因斯坦去比利时访问，国王和王后特地成立了一个接待委员会。那一天，火车站张灯结彩，鼓乐齐鸣，许多官员身穿笔直的礼服，准备隆重欢迎这位杰出的科学家。火车到站以后，旅客纷纷走下来，却不见爱因斯坦的影子。

原来他下车之后，车站里根本没人认出他。于是这一位头发灰白又蓬乱的老人，一手提着皮箱，一手拿着小提琴，由火车站步行走向王宫。当时负责招待的人没有迎来贵宾，赶紧派人奔回王宫去报告。当众人终于几经辛苦找到他之后，大家都不敢相信，眼前这样一位穿得破破旧旧的老者，竟是举世闻名的科学家爱因斯坦。

一个人总要被生活琐事环绕，但爱因斯坦却总能在琐事中发现更大的价值。有一次他想要把墙上的一幅旧画换下来，于是搬来一架梯子，一步一步爬上去。突然，他想到一个科学问题，立刻沉思起来，竟忘记自己身处何地，一下子从梯子上摔下来。整个人摔到地上以后，他马上又想到：人为什么会笔直地摔下来呢？看来物体总是沿着阻力最小的线路运动。爱因斯坦想到这里，立刻从地上爬起来，一瘸一拐地走到桌边，提笔把自己的想法记下来，此时的他早已忘记疼痛，早已忘记自己为什么要爬梯子，更是忘记了那幅旧画。

**犹太智慧羊皮卷：奋斗目标可以繁琐，人生却不必复杂**

"小节"是无关于大局的细枝末节，在生命的历程中可以不必在意。人生好比河中的一条货船，甲板上的装饰品就是小节，装饰品如果有了损失，对货船乘风破浪驶向彼岸却毫无影响。驾船的人只需要施展技能，将注意力和目光投向水中的险阻，将货船顺利驶向目的地。

过于重视人生中的琐事和小节，便会占用大量的时间和精力，加重人生负担，使生命变得复杂。一条船上有过多的装饰品和多余无用的储备，必然会影响船只的行进速度和航行方向，甚至在航行过程中成为阻碍，给船只带来危险。

因此，成大事者不拘小节，远航船无需华丽装饰，将全身心的注意力投射在工作事业当中，不被小节和琐事缠身，才能轻装上阵，以最快的速度找准最正确的前进方向。复杂的生活带来烦恼，简单的生活带来快乐。爱因斯坦虽然总穿一身旧衣服，但是他仍然觉得快乐，他曾说过："真正的快乐，是一种对生活的乐观，对工作的愉悦，对事业的热心。对一个人来说，所期望的不是别的，而仅仅是他能全力以赴献身于一种美好的事业。"在许多后人的眼里，爱因斯坦的确是一个快乐的人，他面对生活与科学的态度，便是一种很好的哲学理念——不拘泥于小节，一心扑在工作上，兀自快乐着。

# 人生没有一帆风顺
## ——奥本海默的原子弹之路

犹太人经常如此比喻：人的眼球有黑有白，为什么人只能透过黑眼球看到东西呢？那是因为，只有透过黑暗，才能见到光明。犹太人顽强坚韧的精神意志和永不气馁、热爱挑战的进取精神，使他们能在逆境中从容应对，谈笑风生。人生不如意十之八九，大多数人总是会在人生的某些阶段遭遇不幸。有智慧的人懂得化苦难为“云梯”，助自己攀登上一个又一个全新的人生高度，使自己受益，予他人启迪。

美国犹太物理学家罗伯特·奥本海默就是这样一位极具智慧的人物。他作为“曼哈顿计划”的领导者，1945 年主导制造出了世界上第一颗原子弹，从而被誉为“原子弹之父”，如此骄人的成绩，与其丰富的人生经历密不可分。

**不畏坎坷的少年求学路**

1904 年 4 月 22 日，奥本海默出生于纽约一个富有的德裔犹太人家庭。他天资聪慧，兴趣广泛，幼时就涉猎文学、哲学、语言等领域，尤其爱好诗歌，对哲学和艺术具有很高的敏感度。1921 年，奥本海默以十门全优的成绩毕业于纽约菲尔德斯顿文理学院，本打算继续深造，却患了一场重病，只能在家休养。直到第二年，奥本海默才进入哈佛大学化学系学习，但上学期间身体状况一直不稳定，这让他承受了极大的压力。但他在坎坷艰难面前并没有退缩，更没有放弃学业，最后只用了三年便读完了大学，于 1925 年以荣誉学生的身份提前毕业。

毕业后，奥本海默没有像其他毕业生一样，找一份体面的工作赚钱生活，而是到英国剑桥大学继续深造，他对科学有一种近乎着迷的执着，于是开始攻读理论物理，并加入到著名的卡文迪许实验室。但是在实验室的研究进行得不太顺利。到了 1926 年，他又转到德国哥廷根大学，虽然期间很多人劝他放弃，但他始终继续进行研究。

1927 年，奥本海默以量子力学论文获哥廷根大学博士学位，接下来的两年，他辗转到瑞士和荷兰等地做研究，即便在最艰苦的情况下，他也没想过放弃科学之梦。1929 年夏，奥本海默拖着疲惫不堪的身体回到美国，由于身体免疫力差，很不幸地感染了肺结核，他只得一个人留在农场里养病。亲人、朋友都劝他好好休息，以他博士学位的资历，随便在哪所大学都可以找到一份待遇优渥的工作，完全不必继续搞艰深的研究。可是，在农场养病期间，他依然惦记自己没完成的实验和论文，强撑着患病的身体坚持进行科学研究。

此后的十年中，奥本海默分别在柏克莱大学和加利福尼亚大学任教，他的研究范围极为广泛，从天文学、宇宙射线、原子核、量子学、电动力学到基本粒子，同时他还精通八种语言，并且自修梵文。但是他的身体却一直没有完全康复，而且经常剧烈咳嗽，对他的生活和研究造成严重影响。为了争分夺秒地进行科学研究，奥本海默不看报纸也不听收音机，也很少关注社会政治，只是一门心思地研究他的科学。

**成功背后的艰难**

1939 年 9 月，第二次世界大战在欧洲爆发。美国总统罗斯福下达总动员令，启动最高机密的“曼哈顿计划”，主持人是雷斯理·格芬维斯少将，目标是赶在德国之前制造出原子弹。1942 年 8 月，奥本海默被任命为“曼哈顿计划”的实验室主任，在新墨西哥州沙漠建立了洛斯阿拉莫斯实验室。

在实验室的团队中，“氢弹之父”泰勒协助奥本海默进行组织工作，但两人在研究方向的问题上起了激烈的冲突。泰勒执意要研究“超级炸弹”，跟奥本莫斯的原子弹计划完全不符。泰勒等研究人员的不配合，造成奥本海默多次的处境困难，奥本海默只能边工作边克服麻烦，在艰难的研究环境下努力前行。

最终，洛斯阿拉莫斯实验室制造的第一批原子弹，在阿拉德沙漠上空引爆成功，当一系列爆破发出耀目的闪光，冒起了巨型蘑菇云，所有人都被这项惊人的成果震惊了。奥本海默领导整个科研团队完成了不可能的任务，被杜鲁门盛赞为“一项史上前所未有的大规模有组织的科学奇迹”，奥本海默不仅验证了科学研究的巨大威力，也为自己赢得了崇高的声誉，成为举世瞩目的伟大科学家——“原子弹之父”。

虽然原子弹的研制成果为尽早结束战争做出了贡献，但是面对巨大的成功和荣誉，奥本海默的心情是苦涩而复杂的。他一生热爱科学，为科学研究付出一切，认为科学的目的不仅仅在于求真，探索大自然的奥秘，也在于改善人们的生活条件，并增进人类福祉。可是原子弹的研制成功，却很难与此目标相一致。

当现场目击第一颗原子弹试爆成功，面对这世界末日一般的情景时，奥本海默并没有感受到成功的喜悦，他的内心异常沉重，对原子弹的未来前景充满恐惧和担忧。奥本海默十分清楚，原子弹这个可怕的武器一旦被人们肆意使用，将会对全人类的生存造成毁灭性的威胁。他对自己的科学工作惶恐失措，心中浮起一个念头：“我成了死神，是世界的毁灭者！”二战后期，美国将两颗原子弹投递在日本的广岛和长崎，这让奥本海默心中的罪恶感愈发强烈，当美国政府派遣他做代表，在联合国大会上进行发言时，奥本海默声泪俱下，脱口而出道："主席先生，我的双手沾满了鲜血。"

奥本海默在科学领域虽然是一名成功者，但他的成功背后却布满了痛苦和艰辛，原子弹试爆成功是人类科技史上的一大进步，但这样的成就并没有让奥本海默感觉到惬意和快乐，他的人生并没有因此而一帆风顺。

**人生难以一帆风顺**

在20世纪30年代，美国经济发生大萧条，奥本海默开始对共产主义理论产生兴趣。1937年，他用父亲留下的遗产资助西班牙反法西斯的国际纵队，并资助了美国一些左翼革命运动。当时美国参议院麦卡锡指控政府官员中有多位共产党员，许多人因此被迫下台，甚至遭受残害致死，奥本海默因为支持共产运动也受到牵连，生活一度陷入困境，

1947年，美国政府计划研究氢弹，当时奥本海默担任原子能委员会总顾问兼委员会主席，他与犹太科学家爱因斯坦一起站出来，坚决反对试制氢弹，两人都认为氢弹会引起军备竞赛，威胁世界和平。由于同情革命运动，并且反对发展氢弹，奥本海默成为美国政府的打击目标，他被指控暗中鼓动革命运动，包庇苏联间谍，破坏美国的社会稳定，对美国人民不忠等。这些罪名对他的科学家名誉造成了严重损害。

1953年12月，美国总统艾森豪威尔对奥本海默进行起诉，他的两项罪名分别是支持左倾运动，延误政府发展氢弹。人们怀疑他是苏联的代理人，并对他进行安全审查，同时吊销了他科学家身份的安全特许权。1954年4月12日至5月6日，"奥本海默案件"进行了长达四周的安全听证会，这一案件当时轰动了全世界。

在听证会期间，爱因斯坦数次在《纽约时报》等报刊上发表文章，抗议美国政府迫害原子物理学家奥本海默，同时，洛斯阿拉莫斯实验室158名科学家联名写信，抗议政府对奥本海默的审讯。在听证会上作证的大多数科学

家都指出，政府因对核政策持不同意见而审讯奥本海默，这是对民主赤裸裸的践踏，真正的国家安全，必须建立在对精英科学家的信任上。

审查的结果并没有发现奥本海默对国家有不忠的行为，但原子能委员会依然做出决定，剥夺奥本海默的安全特许权，并罢免了他在原子能委员会的主席职位，同时终结了他借助原子能寻求国际合作与和平的政治理想。直到1963年，美国总统约翰逊为奥本海默颁发“费米奖”，表彰他对原子能研究所做出的贡献，但这只是在形式上为他恢复名誉，实际上仍然不允许他介入政治和军事秘密。

奥本海默一生的科学研究都与人类军事武器息息相关，而本国政府却对他的研究进行了诸多限制，这种隔离与不信任，对这位科学家来说，无疑是一个巨大的打击。

**犹太智慧羊皮卷：无论多么艰难，都要艰难前行**

回顾奥本海默的一生，不难得出这样一个结论：伟大的科学家之所以伟大，在于他遭受残酷击打仍然不放弃。奥本海默的人生中充满了荣誉与屈辱，充满了成功与沮丧。在艰难面前，他选择在尖刺的荆棘里勇敢前行，即便头破血流也在所不惜。

奥本海默深深地热爱他的科学事业，坚信科学研究的目的是为全人类服务。当他的信念与私利霸权产生冲突，他仍然没有低下头，在他看来，对强权的顺服和妥协，意味着对科学精神的亵渎。人生的成功之路虽然布满艰难，但奥本海默的心中永远充满着信念，所以在面对指控和审查时，没有为自己辩解什么。但是历史终将证明，他是一位伟大的科学家，是“原子弹之父”，他研制原子能的目的是造福人类，而不是为政治野心家服务。

罗伯特·奥本海默，这位终其一生都在坎坷中前进的原子弹之父，于1967年死于喉癌，许多科学家参加了他的葬礼，为这位坚持信念的伟大科学家默哀。奥本海默的后半生陷入深深的自责之中，原子弹造成的危害令他至死都无法释怀。人们遵照他的生前遗嘱，将他火化，骨灰撒到维尔京群岛，他希望将自己的罪孽和愧疚永远流放。

人的一生总要经历了一些坎坷和苦难，即便是在某个领域做出伟大贡献的成功者，生活也不一定是一帆风顺的。一个人选择成功之路很难，而永远坚持自我的信念更难。很多人之所以伟大，是因为他们在困境中不随波逐流，而是选择逆流而上，因为他们相信，无论路上有多少障碍，信念就在不远的前方。

# 绝不放弃对成功的追求
## ——逆境成才的爱米·诺德

在犹太民族的字典里，放弃只是一种念头，而绝不放弃则是一种信念，一种精神。绝不放弃对成功的追求，才能在困境的磨练中闪闪发光，成长为像高山一样可靠伟岸的人。

逆境成才的爱米·诺德便是这样一位佼佼者。她是一名伟大的数学家，是现代抽象代数的创始人，她的数学思想直接影响了30年代以后的代数拓扑学、代数数论、代数几何的发展，被称为“代数学之母”。爱米·诺德的一生能够获得如此高的荣誉，与她个人对成功的不懈追求分不开。她是一位成功的女性，她的一生都处在逆境中，但仍然选择勇敢前行。

**在毕生的逆境中，永不放弃追求**

爱米·诺德是一位犹太女性，她出生在德国南部的一个小城，成长在犹太籍教授的家庭里。受到家庭教育的影响和熏陶，她从小就非常喜欢数学。1903年，21岁的诺德考入了哥廷根大学，认真学习克莱因、希尔伯特、闽可夫斯基等名家的课程，并与数学解下了不解之缘。当时的人们普遍认为，女性不需要拥有太多学识，因此在大学里读书的女性远远少于男性，而且女大学生普遍选择艺术、文学等感性学科，所以当诺德研究数学的时候，周围的人对她并不看好。在众人看来，女性的头脑和思维并不适合学习数学。但是诺德的表现令人跌破眼镜，她的学习能力和对数学的悟性极为惊人，她在25

岁时便取得了数学博士学位。这在当时的世界范围内都是凤毛麟角，而且她还是那么年轻的一位女博士。

诺德在微分不等式等许多数学问题的研究方面都做出了出色的贡献，但在当时的社会中，妇女地位极为低下，她在学校任教时也受到性别歧视，甚至连讲师都评不上。后来，在数学名家希尔伯特的强烈支持下，诺德才由“私人助理”成为哥廷根大学的第一名女讲师。接下来，因为诺德科研成果显著，超越了当时的绝大多数男性教师，在希尔伯特的推举下，她又获得了“编外副教授”的资历。

她的努力得到了一些回报，诺德对自己未来的数学研究充满希望。正当她准备大施拳脚时，第一次世界大战爆发。在残酷的战争面前，所有的资源都非常紧缺，社会上的职位先要满足大批失业的男性。诺德作为一名女性，很不幸地成为弱势群体的一员，连工作都保不住。

爱米·诺德咬牙坚持自己的追求，即便竞争最激烈的时候也没有放弃。她挺过了第一次世界大战，并在数学领域继续做出贡献。然而到了 1933 年 1 月，希特勒发布“第一号法令”，把犹太人比作“恶魔”，叫嚣着要粉碎“恶魔的权利”。不久，哥廷根大学接到命令，要求辞退所有从事教育工作的犹太血统教师。在被驱逐的学者名单中，就有爱米·诺德的名字。

爱米·诺德当时已经 51 岁，她努力了大半生，已经在数学领域颇有名望，并早已成为哥廷根大学的正式教授。但是由于希特勒命令的压制，她主讲的课程被迫停止，就连微薄的薪水也被取消。在希特勒的威胁下，诺德被迫放弃哥廷根大学，远离家乡去了美国工作。1934 年 9 月，美国以“诺德”命名设立博士后奖学金，然而诺德在美国工作不到两年，便在一场外科手术中逝世，享年 53 岁。

回顾诺德的一生，她似乎从未得到过幸运之神的眷顾，她生活的年代对妇女限制极多，这样一位了不起的女数学家能在艰难的环境下成长起来，完全是她自己的努力创造了奇迹。她一生因性别和种族遭到歧视和迫害，却从未放弃过对数学研究的更高追求。

她的逝世令众多数学家和科学家无限悲痛，爱因斯坦曾在《纽约时报》上发表悼文说："据现在的权威数学家们判断，诺德女士是妇女受高等教育以来，最重要的富于创造性的数学天才。"诺德的永不放弃为她赢得"代数学之母"的美誉，她一生中经历的黑暗和坎坷恰恰映衬出其闪闪发光的追求精神。

**逆境成功，让人生绽放光芒**

爱米·诺德的成功之所以在20世纪初期具有举世瞩目的意义，除了她在数学领域的非凡贡献之外，还因为她是一位女性。在那个女性地位低下的时代，诺德的一生几乎都充满了挫折，似乎她选择的所有方向都不是顺风。爱米·诺德出身于体面的家庭，有进入名校读书的机会。当时上流社会女性入学读书，目的大多是为了攀附一门富贵的亲事，女孩们自幼学习交际礼仪，学习如何在酒宴上应酬，个个打扮得花枝招展，将自己作为明码标价的高级货物，随时等待有钱有势的男子估价购买。在这样的社会里，大多数女性沦为男性的附属品，甚至连女性自身都认为是理所当然的。她们见到爱米·诺德选择数学，都用异样的眼光看待她，将她作为茶余饭后的笑料和谈资。

当一位女性的注意力不在男人身上，不在衣着打扮上，不在闲聊八卦上，她便会成为一个受到排挤和攻击的异类，在别人眼中成为一个地地道道的怪物。因此，爱米·诺德所受的挫折和屈辱是难以想象的。她不仅无法获得女性的认同感，连男性也对她充满敌意和歧视，故意对她的数学成就视而不见，在她前行的道路上屡设障碍。

逆境成功并不容易，若非拥有强大的信念和意志力，便很容易被周围的环境和人群同化。爱米·诺德一生都很清楚，她的追求与别人不一样，因此不必在乎其他人的嘲讽和攻击，她追求的目标一直在前方绽放耀眼的光芒，使她一路披荆斩棘，即便遍体鳞伤也毫不退缩。因为有所追求，她的一生并不孤独，她有赏识她的朋友，有尊敬她的学生。她的一生在孜孜不倦的知识积累中度过，而知识和智慧是最有价值的财富，她的生活过的充实而幸福，这种幸福任何人都无法夺走。

在犹太人的眼中，没有精神财富的人生，无异于动物的一生，即便坐拥庞大的财富，也仍然是苦难的人生。这样看来，透过爱米·诺德颠沛流离的经历，她人生内核的精神力量极其强大。所以她认为自己并不痛苦，跟许多只懂得吃喝和繁衍后代的女性相比，她的生活无比快乐。她宁愿坎坷一生，也不愿过着无异于动物的生活。所以每当爱米·诺德面对困境，心中都一片坦然。

爱米·诺德作为一名女性，放弃了结婚生子的家庭生活，选择了一条充满荆棘和血泪的人生道路，并将她一生的全部精力奉献给所热爱的数学。对爱米·诺德而言，数学和教育是她的全部追求，精神上的追求，就是她生命中的绿洲，是永不止息的力量，让她的生活更加有意义。爱米·诺德至今依然为世人所铭记，在历史的画卷中，有她浓墨重彩的一笔。

**犹太智慧羊皮卷：智慧和知识的力量，让人在逆境中成长**

在犹太人看来，智慧和知识比物质财富更为珍贵。这种理念源于犹太民族的历史背景和信仰，犹太民族可谓饱经磨难，长期的流亡者身份使他们对智慧和知识充满敬意。因此，犹太人不仅对财富有着执着的追求，同时将智慧和知识看做是抵挡一切困难的盾牌。身为犹太籍的数学家，爱米·诺德用她的人生阐释了这一真理，虽然她从未追求过财富，但智慧和知识给她带来的巨大财富，不是用金钱可以衡量的。

人人都想要成功，但到最后并不是人人都能够成功。因为通往成功的每一条道路都不是平坦顺畅的，前行者必定要克服重重困难，历尽艰难险阻，一次次面对失败。在逆境中，多数人放弃了当初对成功的追求，而在少部分人眼里，失败却是通往成功的垫脚石，他们在失败中越挫越勇，绝不放弃对成功的追求。

爱因斯坦说过：“人的本质是由社会规定的，人的物质生活和精神生活都为社会所支配，人是社会的，人可以通过自我努力，使自己坚强起来。做一件合理的事情，生活就有奇异的光彩。”人若不能在泥潭里行走，那么成功只是一场可笑的白日梦。当众人都在抱怨逆境重重，爱米·诺德却能淡然处之，因为她始终相信，在通往成功的路上，上帝关上了一扇门，却不会忘记为人们再开启一扇窗。

# 要有一双善于观察的眼睛
## ——观察蚂蚁的生化学家布洛赫

众所周知，犹太人被认为是世界上最聪明的民族，拥有异于常人的坚定信仰，一生都在为追求卓越的目标而努力奋斗。犹太民族天生乐观向上的心态让他们在饱受侵害时，依然能泰然处之，不被仇恨和抱怨蒙住心灵，即便艰难困苦，也仍然怀揣着真挚的信念去观察世界，用善于观察的双眼探索世界未知角落的美丽。

美国作家马克·吐温曾这样写道："犹太人的数目还不到人类总数的1%，本来应该像灿烂银河中的一个星团那样不起眼，但是他们却经常成为人们的话题，受到人们的关注。"犹太人将其聪明才智发挥到各个领域，从自然到哲学，社会科学到文学，从经济到艺术等等。他们的足迹遍布人类历史的每一个角落，诺贝尔奖的获得者就有许多犹太人，康拉德·布洛赫就是其中一位。

### 永远停不下来的科学热忱

著名的德国生物化学家康拉德·布洛赫是犹太人中的一名精英，他出生于德国西里西亚尼斯，1930年就读于慕尼黑大学。由于受到德国纳粹党的迫害，康拉德·布洛赫逃往达沃斯研究所，坚定地选择继续从事科学研究。他希望能以自己的微薄力量帮助犹太族人，帮助自己的国家，帮助那些需要帮助的人们。

1936年，康拉德·布洛赫转往美国哥伦比亚大学医学院，并在同年加入美国国籍。在医学院学习期间，他依靠努力和突出的才学获得学校导师的认可，进入生物化学专业，并于1938年获得哥伦比亚大学博士学位，之后留校担任教师。在大学任课的同时，他仍然继续自己的研究，并应邀加入了鲁道夫·舍恩海默的研究小组。在研究胆固醇时，他和同事发明了一种使用放射性元素追踪细胞分子的线路方法，这种方法促进了人们对胆固醇生化机能的研究，奠定了胆固醇研究的基础，使对胆固醇的深入研究提前了许多年。

在这之后，布洛赫又在芝加哥大学和哈佛大学任教，继续研究脂类，尤其是不饱和脂肪酸。为了研究不饱和脂肪酸，他做了无数次假设与实验，然而每一次都陷入失败的焦灼中。但是这些困难并没有打败他，他始终坚信，无数次的失败是为了最后的成功。凭借他对科研的热情和努力，终于在1942年与D.里顿伯格一起发现胆固醇的生物合成步骤，并认定乙酸是其基本原料。

1945年，布洛赫前往芝加哥大学，在该大学的生化学系取得骄人的成绩，并在芝加哥通过研究角鲨烯烃，在胆固醇的生物研究领域中获得成功。他与德国化学家F.吕南因一同发现，甲固醇先转化为羊毛固享醇，再经过进一步的转化，最终产生胆固醇。两人的重大发现，最终获得1964年诺贝尔生理学奖及医学奖。

康拉德·布洛赫善于观察，从已知的医学现象延伸到未知领域，由于敏锐的观察力，巨大的好奇心和求知欲，让他不断发现并探索着科学的奥秘。除此之外，观察的习惯也填充了他的梦想，满足他渴望知识的内心，并指引他的双眼望向更广泛的未知领域，发现大千世界的无限奥秘。

**从生活的细微之处观察**

康拉德·布洛赫曾经观察一只蚂蚁搬运稻草，从而对生物的研究产生了莫大的兴趣。他惊奇地发现，一只小小的蚂蚁竟能搬动高于体重数倍的东西，于是布洛赫经常饶有兴趣地去看蚂蚁，观察蚂蚁搬着“庞然大物”艰难地向前迈进。当蚂蚁的前方出现一条裂缝，而这条裂缝是无法凭借蚂蚁的力量越过的“巨大鸿沟”。但令布洛赫吃惊的是，蚂蚁并没有为此后退或另选道路，而是很坚定地朝“鸿沟”走去，然后借助自己搬动的“庞然大物”越过裂缝，继续驮着这个“庞然大物”向前行进。布洛赫说：“我本来以为，蚂蚁驮的是妨碍它行走的负担，实际上那也是让蚂蚁跨越鸿沟的桥梁。”

他在获得诺贝尔奖以后，有记者采访他，问他如何能发现这一伟大的成果，他在回答中提到自己观察蚂蚁的事情：“我与每个普通的科研人员其实是一样的，我们都对自己的研究投入了大量的精力和心血，都对学习研究抱有巨大的热情，都为了自己的科研用尽全力。我之所以能成功，可能是因为我更善于观察，我不会放过一点可能性。我以前仔细观察过蚂蚁的活动，大家都认为这和我的研究没有什么关系。但是只要你有一双善于观察的眼睛，就能看出我们不曾发现的细节。正是因为在蚂蚁身上发现了重大秘密，我才告诉自己，每天都细心观察那些不起眼的东西，这才有了我今天的成功。”

每个伟人的成功都不是偶然的，他们都为此付出了巨大的努力。康拉德·布洛赫自认为没有突出的理解力，没有过人的机智和领悟力，只是在对待那些稍纵即逝的事物上，拥有常人没有的观察能力。在这样的基础上去观察大千世界，必然会发现一个无比精彩的全新领域。他的成功来源于他的努力和坚持，更重要的是他平时细心的观察，时间一久便整理和积累出大量的成果。获得诺贝尔奖对他来说不仅是荣誉，更是对他努力的肯定，也是对他坚持观察的信念的肯定。布洛赫用自己的成功告诉世人，单单拥有智慧是不够的，还要有一双善于观察的眼睛，才能看见别人看不到的美丽与微妙的世界，才能在瞬息万变的世界中寻找到固定的发展规律。对微小事物的仔细观察能力，能够决定事业的成功与否，也是世界艺术、科学研究等各方面必备的能力。也许正因为如此，康拉德·布洛赫才能成为科学界的大师，拥有充满成就的一生。

**犹太智慧羊皮卷：智慧与观察力完美结合**

犹太人用自己的行动创造了奇迹，他们怀揣着坚定的信念去观察世界，探索世界未知的角落。犹太民族虽然饱经磨难，但他们的聪明才智是世界公认的。也许正因为这个民族命运多舛，才使得他们更加细心，更加善于观察。犹太人拥有一双智慧的眼睛，与观察力完美结合在一起，便一次次打造出无比恢宏的成就。

人类在探索未知世界的进程中，不缺少天赋，不缺少条件和想法，缺少的往往是一双善于观察的眼睛，以及发掘奇妙世界的冲动。所以，正是因为犹太民族对梦想不断追逐，拥有敢于探索的精神和敏锐的洞察力，在那些人类未知和未观察的领域中，机遇特别偏爱有准备的犹太人。

世上有三样东西是追不回来的：一是说出的话；二是射出的箭；三是失去的机遇。所以，懒惰的人总是抱怨生活毫无乐趣，连一个好机遇也碰不上。其实当这些宝贵的机遇从身边白白流过，而他们的注意力却都放在抱怨上。善于观察，善于发现，会有一片未知的天地等着我们去探索。机会，总是留给那些拥有一双善于观察的眼睛的人。

# Part 2

# 经商之道：绝不错过身边的每一分钱

犹太人不仅拥有经商的天赋，对经商也有其独到的见解。在他们看来，经商赚钱不仅是一种谋生手段和价值追求，更是一种社会心理和成长概念。赚钱不仅调节着人生的希望与恐惧，承担着自我观感和尊重，也是实现理想与价值观的途径与工具，甚至成为人才评价的重要中枢。从本质上来说，经商的目的是帮助别人，而赚钱本身也是现实与理想结合的艺术品。所以，掌握经商赚钱的哲学和密码，不错过身边的每一分钱，这对于每个人来说，都是至关重要的。

# 挖掘表象背后的商机
## ——摩根的投机生意

犹太人天生懂得审时度势，怎样更好更快地通往成功之路，这是他们时刻关注的问题。同时，犹太人更懂得从自己的内心出发，仔细倾听内心向往什么，然后用尽全力，追求自己真正想要的东西。

1913 年 3 月 31 日，约翰·皮尔庞特·摩根去世。同年，美联储正式成立，预示着金融大佬时代的结束。然而 100 年来，摩根留下的财团一直屹立于美国十大财团之中，依然在金融界叱咤风云，仍然是金融界的巨头之一。

摩根一生懂得挖掘事物背后的机遇，通过投机生意让自己的财富成倍增长。他不断超越自己的人生巅峰，不仅个人魅力风靡全球，也为家族创造了巨大财富，更为美国确立世界经济霸主地位奠定了强大的物质基础。

**从小显露的商业大赋**

1837 年 4 月 17 日，约翰·皮尔庞特·摩根出生在美国康涅狄格州的一个犹太富商家庭。从祖父到父亲，摩根家族经商都很成功，而且生意异常兴隆。这个世代经商的家庭对摩根有非常深远的影响，他不仅拥有强大的经商头脑，而且自幼就展现出惊人的经商才能。尤其是在商业投机方面，他似乎具有超乎常人的判断能力，而这种判断能力正是他发迹的根本原因。

摩根的父亲性情肃穆，对儿子的要求极为严格，亲自帮儿子选定留学课程，并且安排他在华尔街当学徒，从生活点滴的小事情入手教育摩根。摩根从少年时期就显示出善于抓住机会的特殊能力，读大学之后，他经常外出旅行增长见识。有一次，他穿过浪漫的巴黎街头，来到一个喧闹的码头，这时一位陌生人问他要不要购买咖啡，原来此人是往返于美国与巴西之间运输咖啡的船长，一位美国商人委托他从巴西运来咖啡，但是等他运回来才发现买主已经破产。为了挽回损失，船长只好低价出售这些咖啡。

富有冒险精神和投机意识的摩根立刻看到了商机，但当时他身上没带多少现金，于是他稍加考虑，带着咖啡样品去向父亲的客户借钱。所有人都劝他要谨慎行事，低价虽然让人心动，但是货物与样品的质量是否一致却很难说。然而，摩根通过观察船长的一举一动，确认其是个值得信任的人，而且他也相信自己的判断。事实证明摩根是正确的，舱内确实都是好咖啡，于是他毫不犹豫地买下了所有咖啡。

这一年巴西遭受严寒，咖啡大量减产。摩根买下这批咖啡之后，没过多久，市场上的咖啡价格猛涨了 2—3 倍，摩根借此机会大赚了一笔。在稍纵即逝的商机面前，很多人往往抱着怀疑和犹豫的态度，希望能观望一阵再出手，这样很容易错过大好时机。摩根是一个果断的人，他能透过表面看到事件背后的本质，他也相信自己的判断力，因此能够及时出手，凭借商机大赚一笔。

**在战争中寻找商机**

1862 年，美国爆发南北战争，摩根在和朋友的偶然闲聊中得知，北方军伤亡惨重，人们对北方战胜并不乐观，很多人打算离开北方逃到外地避难。摩根脑中投机生意的神经顿时绷紧，他意识到北方战败必然引起社会恐慌，人们不再相信纸币的购买力，接下来就是黄金价格上涨。

对商机的敏感使他立刻行动起来，秘密买下了价值 500 万的黄金，当北方军战败的消息传开以后，黄金价格果然大涨，摩根将黄金高价抛售，狠狠的大赚一笔。之后很多商人发觉黄金大涨，立刻开始囤积，但摩根却把用低价买来的黄金都高价卖掉，因为他判断北方军最后一定会胜利，到时候金价就会大幅度下跌。摩根的判断再次完全正确，当南北战争结束之后，他通过倒卖黄金赚得了大笔财富。

南北战争中，军队和物资的运输速度成为战争成败的关键，摩根从中嗅到了巨大商机。他的冒险精神又开始萌发，他开始投资大量钱财修建铁路，从萨斯科哈那铁路到纽约中央铁路，一步步地掌控美国铁路所有权，不仅在战争中赚到了巨额财富，而且为美国经济民生发展做出了贡献，同时赢得了美国金融界的信任和支持。

到了 19 世纪后半期，国家铁路发展滞缓，出了很多资金问题。目光远大的摩根明白继续这样发展下去，铁路业将会全军覆没，他决定对铁路业进行一次大规模整合。他平衡了铁路巨头的利益份额，对几大铁路运营商进行重新规划，专门组建了信托委员会，用“托拉斯”的形式处理日常业务。到了 1900 年，摩根控制的铁路集团已经掌控了长达 10.8 万公里的路线，差不多占当时全美铁路的 2/3。

除了发展铁路业以外，摩根还将自己的生意扩展到了钢铁业，创办了联邦钢铁公司，同时与洛克菲勒斗智斗勇，进行矿山投资，又在法国包销国债，处理普法战争和巴黎公社遗留的经济问题，同时又收购英国的战争公债，不断地靠着战债和公债生意大发横财。这些投机生意无不大获成功，让摩根成为世界财富榜上为数不多的巅峰人物之一。

**天才的商业才能成就摩根家族的不朽神话**

摩根每一次的大胆贸易都让众人刮目相看，很多并不被人看好的投资生意，摩根也没有轻易放手。因为在他看来，1%的可能中，往往蕴涵着 100%的成功机会，摩根正是凭借着这样果断的信念，不断在自己的经商路上进行扩张，并越来越成功。

在美国的商业历史上，出现过许多赫赫有名的大型家族企业。但其辉煌成就往往不超过百年就销声匿迹，而摩根家族至今仍然屹立不倒。从摩根的爷爷开始，摩根家族的生意一直持续上升，财富越来越多，形成历史悠久而且规模庞大的摩根集团。

美国内战后，联邦政府出现严重的财政危机，决定发行4亿美元的公债。摩根预感到发财的机会来了，答应政府他愿意承担2亿美元的国债发行。此后摩根不断向美国报界和新闻界施加影响，频繁发表演讲，让人们看好国债的利益。同时摩根大讲爱国主义，号召每个人都为民族和国家的命运贡献力量。在新闻界的推波助澜下，摩根发行国债异常顺利，帮美国政府发行了2亿美元的公债，而他不仅拿到了政府支付的丰厚发行费，而且成为美国政府最大的债主。

1871年，经过普法战争和巴黎公社革命的法国经济一片混乱，法国政府以土地为担保，到处募集公债。而摩根承担购买了价值5000万美金的法国国债，成为法国政府第一大债主。此后，他又陆续认购了许多国家的公债和战债。不仅取得墨西哥的油矿和铁路权担保，认购了1亿美元的墨西哥国债，而且还购买了7500万美元的阿根廷政府公债和1.8亿美元的英国政府公债。到了20世纪初，摩根几乎已经成为世界债主。

摩根及其后代创建了一个庞大的金融帝国和联盟，包括银行家信托公司、保证信托公司、第一国家银行，约占据全美金融资本的33%，占全美保险资产的65%。摩根家族的总资产曾达到740亿美元，公司的47名董事占据了全美35家主力企业，包括美国钢铁、通用汽车公司、肯尼格特制铜公司、海湾硫磺公司、大陆石油公司、通用电气公司等。摩根家族开创了垄断全美的钢铁公司，同时控制了国家铁路系统和海洋运输行业，在通讯业方面拥有国际电话电报公司、全美电缆、邮政电缆、美国电话电报公司等。摩根在华尔街发出的指令，足以影响美国的股市和经济发展。摩根家族曾经主宰过美国的经济命脉，在美国的金融危机时代力挽狂澜，独领风骚100多年，至今仍然如同一棵常青之树。在摩根的努力奋斗之下，将家族和集团的事业演绎成美国商业史上无可复制的不朽神话。

摩根的商业才能和精准的判断力超出常人，他做事果断，思虑细密，加上运气和智慧，即便在犹太人当中也是佼佼者。他曾经是强大的华尔街统治者，在他去世的那一天，《华尔街日报》宣称："摩根的死，标志着华尔街一个时代的消逝，摩根不会有后来人，新的华尔街时代由一人统治已经变得难以实现。"在世人看来，摩根是银行寡头统治美国金融业的终结者，在他以后的时代，私人银行家控制美国金融的能力越来越小。虽然此后政府监管部门接手了摩根在华尔街的掌控权，但他的投机理念和果断行事的风格仍然在华尔街发挥着巨大作用，影响着美国和世界金融的发展。

**犹太智慧羊皮卷：抓住表象背后的机会**

善于抓住机会，勇于果断行动的人，必定是充满勇气和智慧的，这是成功者的一种普遍特质。与兴建实业相比，商业投资在很大程度上是一种冒险活动，股票、黄金买卖、银行投资等可以在一夜之间获利无数，也能在一天之内倒闭破产。因此，擅长商业投资的人，在智力、眼力、判断力、洞察力等方面的能力都是不能缺少。摩根就是一个具备综合商业能力的投机家，他深深懂得，机会只留给有准备的人。而他的准备就是缜密的思维、细心的观察、无误的出手，使他在任何商机面前都能做出最准确的判断，及时行动起来，获取最丰厚的利润。

犹太民族是一个天生把智慧看得比什么都重要的民族，摩根身上流淌着犹太民族的血液，使他每一次投机行动的背后都闪烁着智慧之光。挖掘表象背后的商机，看起来是一种碰运气的投机手段，实际上所有的预测和判断力的背后都有智慧的支撑。缺少智慧，判断力就沦为凭空猜测；缺少智慧，投机生意就只是碰运气。

《圣经》记载："智慧比珍珠更美，一切可喜爱的，都不足与比较。智慧以灵明为居所，又寻得知识和谋略。智慧人的财富，为自己的冠冕，智慧人家中积累宝物油膏，智慧人可以爬上勇士的城堡。"摩根是一个充满智慧的人，他拥有火眼金睛一般的洞察力，能挖掘表象背后的商机，并且富于勇气，这让他的人生几乎无往不利。

# 把赔钱买卖变成摇钱树
## ——尤伯罗斯与私营奥运会

犹太民族世代相传这样一句名言：“凡事用智慧，定能获益。”犹太民族非常看重智慧对人生发展的影响，一个人如果拥有了智慧，那么世界上就没有什么困难可以阻挡他。这种独特的理念在千百年内源源不断地孕育出多位世界级大师，同时也向世人证明了犹太民族在思想和教育方面的领先优势。

在犹太人民创造的辉煌成就中，有这么一位了不起的人物。他在 1984 年的洛杉矶奥运会上，第一次实现了现代奥运会的扭亏为盈，并且开创了一系列市场营销的理念，推动奥林匹克运动会的长久发展。这个人正是现任美国奥林匹克委员会主席——彼得·尤伯罗斯。

**万事皆有可能**

1937 年 9 月 2 日，被国际上誉为“奥林匹克之父”的皮埃尔·德·顾拜旦与世长辞。他是法国著名教育家、国际体育活动家、教育学家和历史学家、现代奥林匹克运动的发起人。而就在同一天，彼得·尤伯罗斯诞生在美国伊利诺斯州一个房产商人的家庭里。如果说，顾拜旦复兴了奥林匹克精神，那么彼得·尤伯罗斯则创造了奥林匹克精神的商业化运营模式，成为奥运会在现代社会得以发扬光大的重要支柱。不过这种巧合没有让年幼的尤伯罗斯过多展示出体育方面的热情或天赋，他从小到大的特长爱好似乎都跟奥林匹克沾不上边。

尤伯罗斯早在而立之年就已经成为一个百万富翁，他经营的第一旅游公司在北美旅游业稳居前两名，年营业额可达3亿美金。1980年，有一家猎头公司找上他，希望他能参与竞选洛杉矶奥运会组委会主席职位。他此刻才想起来，自己曾经投票反对把纳税人的款项用于奥运会，这件事看起来有多么的滑稽，如果自己出任奥运会组委会主席的话，不免给别人留下把柄，于是他果断拒绝了对方。但是猎头公司却非常看好他，一遍又一遍地对他进行猛烈的游说，最终成功击破了尤伯罗斯的好胜心，接受邀请参加了竞选。

让人没想到的是，他甚至淘汰了美国前国务卿亚历山大·黑格，从几百名候选人中脱颖而出，在1980年成为了洛杉矶奥运会组委会主席。当组委会宣布这个决定时，曾经非常低调的尤伯罗斯立刻震惊了美国的新闻界，人们甚至不知道他是从哪里冒出来的，于是对他能力的质疑甚嚣尘上。但是，尤伯罗斯顶住了巨大压力，并创造出了让人刮目相看的成绩。

他巧妙地利用心理战术与营销策划，首先创造出国际化的竞争平台，吸引众多企业参与体育赛事，完美利用了“搭牌子”这个启示，巧妙地挑起竞争企业的斗志，将广告与赞助相结合，从而降低了奥委会整体的费用开支。为了打开产品销路，众多国际型大企业想尽办法提高自身知名度，而尤伯罗斯则给它们提供这样的机会，设置了“甜蜜的温床”吸引这些企业，在获得大量赞助的同时，也为企业走名牌效益路线做好了铺垫。

这样一来，奥运商业运作的私营模式横空出世，使得后来奥运会成为举世瞩目的“香饽饽”，大量知名企业和赞助商纷纷参与筹办奥运盛事，奥运会不仅是各国运动员大显雄风的舞台，也是品牌企业提升名气，增加曝光率，彼此互相竞争的最佳平台。此后，随着奥运会的举办，世界商业文化进行空前的交流，不但促进各国友谊和各项体育运动的发展，更有力地带动举办国的经济发展，促进综合国力的繁荣强大。

**敢为别人之不敢为**

现代奥运会在20世纪70年代后出现了衰退现象，1972年，慕尼黑奥运会出现了巴勒斯坦恐怖分子，有11名以色列代表团成员惨遭杀害，此事给奥运会蒙上一层不详的黑雾。紧接着1976年在蒙特利尔举办的奥运会，造成了惊人的财政赤字，直接演变成一个资金黑洞，给主办城市蒙特利尔带来沉重的债务，直到2006年才全部还清。

1978年，美国洛杉矶市获得1984年第23届奥运会的主办权，但是这个好消息并没有让洛杉矶奥运会组委会为之振奋。大批的洛杉矶市民上街游行抗议，他们声称：绝不能挪用纳税人的一分钱！而洛杉矶政府也无奈地宣布，不会给予洛杉矶奥运会任何经济援助。事实上，在1978年的申请大会上，全世界仅有洛杉矶一个城市提出申奥，连一个竞争对手都没有。因为，在此之前的历届奥运会都是赔钱的买卖，历年奥运会已经证明，对于任何一个国家和城市来说，举办奥运会获得的荣誉远远抵不上给其财政上的灾难。除此以外，奥运会接二连三出现坏消息，更让各国胆怯而生畏，洛杉矶奥运会看起来似乎走向了穷途末路。

尤伯罗斯上任之初，没人愿意租办公室给奥组委，因为担心他们付不起房租。他不得不自掏腰包，用100美元为奥组委开了个账户，但资金数目仅此而已，仍然没人愿意给奥组委投资。筹备奥运会通常有三个资金来源：政府资助、彩票和捐款。尤伯罗斯游说政府出资赞助，但洛杉矶市、加利福尼亚州，乃至美国联邦政府全都严词拒绝，并明确表示不会将公共资金用于国际体育赛事。奥运会有史以来第一次被政府抛弃，而加利福尼亚州又不准发行彩票，同时一分钱的捐款来源都没有，这让尤伯罗斯陷入了深深的思考当中。

一个偶然的机会，尤伯罗斯想到了二战中可口可乐公司广告“搭便车”的营销策略，于是他用极低的价格卖掉自己的公司，并拒绝奥组委给他开出的10万年薪，开始当起了洛杉矶奥组委的“义工”。

**奥林匹克大逆转**

按照尤伯罗斯的计划，第一个创意就是进行电视转播权的招标。凡是有意参加竞标的电视公司，需先交纳75万美元的保证金。很快，美国著名的五大电视机构在组委会指定账户打入了保证金。除此之外，让工作人员偷着乐的是，电视转播权保证金总共收取了375万美元，每天在银行里竟然有1000美元的利息！这些利息就成为组委会赚得的“第一桶金”。同时，海外实况转播权也被组委会采用同样的方法卖给了外国公司。仅电视转播权拍卖一项，尤伯罗斯就筹集到2.8亿美元。紧接着，精于筹谋算计的尤伯罗斯在奥运会的筹办上，将他所熟悉的种种商业手段发挥得淋漓尽致。

在寻找奥运赞助商的过程中，面对超过12000家的庞大厂商群体，尤伯罗斯做出了一个慎重但是异常惊人的决定：洛杉矶奥运会只需要30个赞助商，但每个赞助商至少需要出资400万美元，而且同行业的厂商只有一家可以入选。这个决定犹如一颗重磅炸弹，让所有品牌厂商都目瞪口呆。要知道，当年的蒙特利尔奥运会收到了600家公司的赞助，即便如此奥组委仍然亏了本。若仅仅用30个赞助商，洛杉矶奥运会将成为举世瞩目的一场笑话。

大街小巷都在讨论尤伯罗斯的做法，很多人认为他的策略非常幼稚，对他的做法完全不看好。但是尤伯罗斯丝毫不在乎外人的看法，他与可口可乐等大公司进行心理战，最终赢得了全部预算费用，除此以外还多出了860万美元赞助费。同时，国外的知名企业也加入了这场没有硝烟的竞争战役，仅日本富士公司一家就投入了700万美元赞助费。尤伯罗斯几乎只凭借个人的商业头脑和力量，就将奥运会从濒临死亡的边缘拉了回来，从尴尬的鸡肋变成了受世界各国瞩目的摇钱树。这次奇迹般的创新，令更多国家积极参与申奥活动，奥林匹克盛事因而获得程碑式的升华。

**犹太智慧羊皮卷：创新思维，拥有独到的做事原则**

独到的做事准则决定了成功的方向和途径。犹太民族在历史长河中不断用行动来证明创新思维的重要性。世间万物瞬息变化，时代进步的源泉就在于创新。创新的影响力无与伦比，勇气和行动力是创新的一双翅膀。舒适平淡的生活往往令人安于现状，墨守成规，因此突破陈旧的思维惯性并非易事，尤伯罗斯的成功就在于，努力克服前进道路上的荆棘坎坷，按照自己的创新思维去做事，无须在意别人说什么。

突破思维定式，探求不同的答案，想别人不敢想，为别人之不敢为，用全然不同的思路开创出属于自己的成功之路。纵观古今，凡有大成就者，无不具有独特的创新思维。不给自己的思想设壁垒，人生才会突破限制和桎梏。

# 名字是最好的广告
## ——李维·斯特劳斯和他的牛仔裤

犹太人似乎天生就懂得“自我”的含义，他们欣赏作为一个独立的人存在于天地间，能够创造属于自我的独特价值，同时，他们也懂得如何把这种价值最大化，尽可能转化成为财富。汤姆·彼得斯曾经说过：“每个人都是一个独特的个体，每个人都是一个品牌。”因此所谓的成功，就是把自己作为一个独一无二的品牌来经营，挖掘自己的一切潜能，创造属于自己的一片天地。

李维·施特劳斯，被称作“美国牛仔裤之父”，是美国 Levi's Strauss and Co 品牌的创办人。他也是一名犹太商人，是美国牛仔文化历史的先驱。是他创造了世界上第一条牛仔裤——Levi’s（李维斯），是他亲手谱写了一个长达150年的西部牛仔传奇，用自己的智慧打造个人的品牌，却创造了属于全人类的牛仔帝国。

**与牛仔裤的奇遇之旅**

1829年，李维·施特劳斯出生于一个德国的小职员家庭，他是德籍犹太人，自幼非常聪明，渴望长大以后能获得非凡的成功。他顺利地读完中学和大学，而且继承了父亲的职业，在一家商行里当一个小职员。但是李维心里很清楚，这样平淡而缺乏挑战性的生活并不是自己想要的，他要等待一个机会，离开家去更广阔的天空开创一番事业。

1850年，一则令人惊喜的消息为李维带来了无限的希望和幻想。美国西部发现了大片金矿，让无数年轻人如潮水般涌进美国西部，冲进淘金大潮。犹太人的谚语中有这么一句话："我不想在空虚的等待中，期待机会之神的拥抱。"刚刚20出头的毛头小子李维·施特劳斯放弃了厌倦已久的职员生活，也奋不顾身地投入到了淘金事业当中。

出发前他雄心壮志，对未来充满了规划和憧憬，经过漫长的旅途，李维来到美国旧金山。这时他才发现自己的决定十分莽撞，当他看到人潮拥挤的淘金队伍时，他才明白自己并不是第一个去淘金的人。曾经荒凉的西部到处都是淘金者的帐篷，由于淘金地距离市区很远，工人们买东西很不方便。李维立刻看到了其中的商机，他当机立断放弃在沙土里淘金，不再做那个遥不可及的金子梦，而是开始从淘金者身上"淘金"。

李维在旧金山的淘金地开了一家小店，主要经营日用百货，生意十分红火。他曾经进了一批帆布料子，打算卖出去用来搭帐篷、马车棚，但是淘金的工人们都已经有了帐篷和马车棚，很少有人愿意买帆布建造新的帐篷，因此这些布料长期积压在仓库里无人问津。这时有个矿夫建议李维，让他把帆布做成衣服或者工作服，卖给淘金的矿工。于是李维开始动手做裤子，由于他的工作服质量好，布料质地坚硬耐磨，渐渐在矿夫口中广为流传，受到热烈的欢迎。随之订单也蜂拥而来，这种裤子很快在美国西部引起追捧，尤其受到西部放牧牛仔们的喜爱，他们给这个裤子起了个名字——牛仔裤。

随着事业的发展，李维开始使用柔软耐磨的粗斜纹棉布代替坚硬无弹性的帆布，并且将棉布染成蓝色，又因为矿石和刀具的缘故会使裤子口袋经常开裂，于是使用铜铆钉将口袋四角全都钉上，使裤子变得更结实耐穿。于是，牛仔裤最早的雏形就这样诞生了。李维用自己的名字作为产品的品牌商标，建立了Levi's（李维斯）品牌，并在旧金山开了第一家品牌牛仔裤店，从此开启了他牛仔帝国事业的篇章。

在此之后，Levi’s 品牌为了迎合时尚潮流，对牛仔裤进行了一些改变，将铜铆钉改成了铝铆钉。1872 年，李维·斯特劳斯申请了牛仔裤的生产专利，从此 Levi’s 品牌开创了一个全新的牛仔服饰天地。1890 年，他首次将牛仔裤编码，经典的“501”就是第一个牛仔裤编号，这一款牛仔裤被命名为“Levi’s 501”，不仅是李维斯公司的拳头产品，也是美国牛仔裤文化的代表和象征。

**成功的推销秘诀**

作为一个优秀的生意人，李维非常善于广告宣传，他把自己的名字“李维”跟牛仔裤的品质紧密相连。在推出经典的“Levi’s 501”系列时，亲自拟定了一句铿锵有力的广告语：“Levi’s 501，天生抗打磨。”很快人们一看到“Levi’s 501”，就能联想到李维斯牛仔裤的精良质量。

巴尔扎克说过：“人生如奔流的江水，不遇暗礁，难以激起美丽的浪花。”Levi’s 公司事业的发展也并非一帆风顺。随着最初购买热潮的退却，人们对穿着观念发生改变，牛仔裤的销量日益减少。另外，让 Levi’s 公司引以为豪的质量问题却成为他们的难点：裤子质量太好，穿了很长时间仍然不坏，消费者不需要买太多牛仔裤，这种裤子很难更新换代，而且牛仔裤最初受到西部淘金工人的喜爱，被认为是下层百姓的服饰，始终不被上流社会接受。为此，Levi’s 公司不得不为销售开阔全新的市场。

为了扭转局势，公司实施了一系列大胆的新战略计划：将牛仔服饰推向高端成衣市场，与其他高端服饰品牌合作，将牛仔与皮草、休闲西装等服饰进行搭配，创造出性感、时尚、热情的雅皮士风格。另外，公司将牛仔裤重新定位，提升牛仔裤的品牌价值。通过邀请好莱坞明星拍摄西部风情和浪漫的广告片，宣扬牛仔裤不是耐磨工装的代名词，而是一种积极热情的生活态度，代表了年轻时尚的生活追求。“Levi’s 501”再次风靡全球，并掀起一阵复古的狂潮，牛仔裤的销售量也再次飞速上涨。

李维还大胆地将美国文化融入牛仔裤中并进行宣传，让消费者认为 Levi's 牛仔裤是美国的代名词，是全球经典时尚的先锋。其充满新意的营销策略收获了极好的宣传效果，国外市场很快开辟成功，而国外市场的销售量也成为促进公司成长的主要动力。如今的 Levi's 公司店面遍布全球，已经成为全球最大的牛仔裤生产公司之一。

李维用他的一生时光追逐自我价值，不但创造了代表美国服饰文化的牛仔裤，而且用自己的名字创立了一个优良的品牌。从此，“Levi's”不仅是一种品牌，它代表的不仅是全球牛仔裤最大的生产公司，也代表它的创始人李维·施特劳斯。虽然李维不是世界上最赫赫有名的服装设计师，但他所设计的牛仔裤却风靡全世界。这对世界来说是一种文化，更是一种传奇精神，一种代表美国和经济全球化的象征。Levi's 是牛仔裤的“鼻祖”，象征那个年代在美国西部大无畏的勇往直前的拓荒精神。

当潮流时尚不断发展，Levi's 仍然屹立在休闲服饰领域内，以傲人的姿态独领风骚。Levi's 品牌的牛仔裤产品不断推陈出新，从补丁牛仔裤到毛边牛仔裤，让全球的消费者不再满足于仅拥有一条穿不烂的牛仔裤，每个人即便拥有了十条牛仔裤，仍然觉得远远不够。第二次世界大战期间，美国政府把牛仔服指定为美军制服，大批牛仔服随着美国军队开始深入欧洲腹地，使牛仔服在欧洲普及并流行起来，Levi's 很快风靡各地。1976 年，美国政府举办 200 年国庆之时，将牛仔裤送进迈阿密的国家博物馆，作为美国人对人类服饰的贡献，李维发明的牛仔裤永远载入了美国史册。直到 1978 年，Levi's 的销售额已超过 20 亿美元，1980 年，Levi's 销售了品牌下的第 5 亿条牛仔裤，牛仔裤已经成为美国人生活中必备的一部分。

**犹太智慧羊皮卷：做出自己的招牌**

歌德曾言:“你若喜爱你自己的价值，你就得给世界创造价值。”爱因斯坦也说过:“一个人对社会的价值，取决于他的感情思想和行动，以及对增进人类利益起多大作用。”李维·施特劳斯不仅给自己留下财富，也给世界留下价值。李维的牛仔裤开创了人类服饰的新纪元，在很大程度上促进了服饰文化的全球化，使全世界各国人民都对同一种牛仔裤倍感青睐。

人生在世短短数十年，所有的努力和成就，最后往往汇聚在某一种名望和称号当中。人生是一种经营的过程，自我和个性便是充满无价潜能的独特商品，无论处于何种境遇，选择何种事业，都应该用心打造自己的品牌，在每一个阶段使自我的个性在品牌当中放射出闪耀的光辉。当一个人事有所成，他的名字也会变得家喻户晓，知名度和口碑随着大众的口耳相传，免费的广告便自然而然地产生。因此，当名字成为一种优质品牌，便无需做太多宣扬，因为它本身就是最好的广告。

# 小买卖比淘金更赚钱
## ——连锁大亨大卫·卢宾的独到之处

犹太民族被称作是世界上最富有的民族，他们头脑精明，民族精神中饱含着革新意识，而其中最为人称道的莫过于他们对金钱的态度。犹太民族有一句谚语："金钱不是罪恶，也不是诅咒，金钱会祝福人。"然而，犹太人并不是金钱的奴隶，他们追求的是做金钱的主人，通过正当的、令人意想不到的方法创造并获得令人瞠目结舌的财富。

连锁大亨大卫·卢宾就是这样一位在金钱面前充满智慧的犹太人，他遵循一套自己独有的立世原则，在特定的时期勇敢摒弃落后的创富方式，在众多生意人中脱颖而出，举起智慧创新的大旗，走在时代的前列。他开创的"单一价商店"在给他带来财富的同时，也为美国商业系统带来了一场大变革，不仅为后来的超市经营开创了先河，而且还在很大程度上促进了世界商品的流通，推动了全球经济向前发展。

**细节带来的巨变**

大卫·卢宾，1849 年生于俄国，父母都是正统的犹太人和虔诚的犹太教徒。1853 年他随父母迁往英国，后又移民并定居美国纽约。他 16 岁时就追随大潮流去美国西部的加州淘金，历尽辛苦却毫无收获，不得已他辗转来到了亚利桑那州，想在当地淘金发财，但仍是收获不大。

卢宾具备犹太人天生的经营头脑，有着犹太人善于经营的特性。他在淘金的过程中，就发现在矿区经营小买卖比淘金更赚钱。因为矿工们来自四面八方，背井离乡，无人照顾，而淘金区物资贫乏，大家急需一些日用品和食物。于是，当淘金热冷却时，卢宾放弃淘金，开始做一些食品贩卖生意，积累了一点资金，并把生意逐渐转向人口密集的城市。

成功之路就是对选择的否定再否定，很快他发现有很多人跟他一样，都在做类似的小生意。当时的销售渠道有限，而且人们的购买力也不强，所以在经营过程中竞争压力很大，卢宾的生意很快就陷入不温不火的状态。犹太人的精明头脑让他很快发觉，随波逐流的经商方式并不能获得真正意义上的成功，于是他从多方面入手查找原因，细致观察经营销售中存在的每一个漏洞，并进行综合评定，最终创造出“单一价”这一新型的销售模式，并于1874年开了第一家叫“大卫·卢宾”的单一价商店。

他的成功不是大刀阔斧地转行或者全面颠覆，而是选择在经营细节上进行改变。他所经营的商品类型多是日用品、杂货和食品，因此“单一价”的经营模式完全可以实现。所谓“单一价”，就是把各种商品的售价固定不变，并采取明码标价的方式，使顾客一目了然。由于“大卫·卢宾”商店货真价实，杜绝了商业欺骗行为，一时间，他的商店顾客盈门、络绎不绝。“单一价”使他走在了时代的前列，并开启了庞大的连锁店模式。

在“单一价商店”成功后，不但本地的顾客时常光顾，连其他城市的顾客也被吸引而来，并且叹息如果自己居住的城市也有“大卫·卢宾”商店该多好。卢宾获得这一信息之后，立刻考虑该怎样稳住近客，同时要抓住远客。随后，卢宾在旧金山、洛杉矶等地开设“单一价商店”分店。就这样，“连锁店”的经营方式出现了。所有的“大卫·卢宾连锁店”，都采取统一的标志和经营模式，售货员穿着统一的服装，实行统一的管理秩序。市场范围不断扩大，不仅带来了更加可观的经济利润，也带动了商品销售向更高层次发展。大卫·卢宾很快在加州开了布匹商店，后来又用同样的连锁店方式经营珠宝首饰。

**小买卖成就大梦想**

19世纪是一个变革的时代，不论是从政治、经济，还是科学文化上，都取得了巨大的进步。工业的高速发展，使得人们对于金钱有了更加痴迷执着的向往，时代的迅速发展淘汰掉落后保守的经营，新兴的创富道路正悄然崛起。

经过几年的商业实践，大卫·卢宾发现保守的商业经济作风不利于自己的业务发展，顾客对商品存在诸多猜疑，影响了消费者的购买行为，虽然自己的事业已经走在时代前列，但并没有真正达到预期的目标。他发现当时商品经济最明显的问题是售价变化莫测，每家商店的售价都不一样，而且没有一个衡量标准，因此无法给消费者带来心理上的安慰，更不能勾起消费者的购买欲望，从而导致经济发展缓慢。他自己的几家连锁店虽然实行单一价格，全都是明码标价，不会轻易更改价格，但连锁店的影响力对整个商品经营行业来说，仍然是微乎其微的。

大卫·卢宾凭借多年经商的经验，对这一现象进行了系统总结，并采取各种办法获得投资，在更多的城市开设连锁店。商品单一价的影响力逐渐扩大，通过明码标价的方式，让顾客更加方便地购买自己所需的商品，那些随意要价的商店从此遭受消费者的厌弃。大卫·卢宾开创了一套自己独有的销售方式，他的事业越做越大。这一方式后来被广泛应用于商店的发展中，为超市的创办打下了基础。美籍华裔物理学家李政道说过:“一个人想做事业,非得走自己的路,要开创新路子,最关键是你自己会不会提出问题,能正确提出问题就是迈开了创新的第一步。”大卫·卢宾敢于打破传统,善于提出问题,在过去的习惯中寻找不足,用自己独特的思维方式开创出一条属于自己的道路。

他的成功之法极其卓越,但是却很难复制。通常来说,在任何一个时代,创业和发财的机会遍地都是,但并不是每一个人都能像他一样,在陈腐落后的模式中看到全新的突破点。大卫·卢宾作为新经营时代的开拓者,他的经历让人人都知道,大事业可以从小买卖做起,当小买卖闪烁着创新的光芒,它会比淘金更赚钱。他无愧于连锁大亨的称号,以自己的智慧成为时代的领军人物,他一生从没好高骛远,用亲身经历告诉世人,无论要成就怎样的事业,千里之行,必然要始于足下。从眼前的小利出发,仔细观察研究,也许能挖出一个巨大的“金矿”。

**犹太智慧羊皮卷:专注每一件平凡的小事才能不平凡**

成功者通常都有谨慎细致的作风,犹太商人更是如此,当他们与别人共同面对机遇时,眼睛看到的往往不是最巨大最诱人的东西,而是别人忽略的小事和细节。中国道家智者老子说:“天下难事必作于易,天下大事必作于细。”琐碎繁多的细节正是成就大事业的基础,从眼前的小事和实际情况出发,不好高骛远,不贪得无厌,才能以小利积累大成就。

从小事做起并不意味人生庸碌无奇,关注事业发展的每一个细节,才能开创出一条新的发展之路。大卫·卢宾先从小买卖创业起家,为事业发展打下基础,但他没有墨守成规,而是下决心从细节中寻找新的出路。当众人涌向淘金矿疯狂寻找财富,大卫·卢宾却放弃金矿,甘心经营小买卖,开创出一条通往成功彼岸的道路。

成功者之所以成功，是因为拥有细心冷静的态度；成功者之所以成功，是因为具有勇于探索的精神。小事不能小看，小买卖或许比淘金更赚钱，关键要从细微之处下功夫，做好每一件简单的事才不简单，专注每一件平凡的事才不平凡。

# 不出一年你就会成为老板
## ——安德烈·迈耶的创业故事

早在2000年前，犹太人就对财富有着至高无上的热爱与向往，在他们看来，财富是上帝赐予的祝福，因此他们毕生都要追求这种生命里不可或缺的东西。但是犹太人更坚守他们的人生信条：爱财，但取之有道。虽然勤恳的努力未必能获得丰厚的财富，但他们仍然去努力行动，愿意以勤恳的方式展示生命的辉煌。

约翰逊曾经说过："人生是短促的，这句话应该促醒每一个人去进行一切他所想做的事。虽然勤勉不能保证一定成功，死亡可能随时摧折欣欣向荣的事业，但那些功业未遂的人，至少已有参加行伍的光荣，即使未曾获胜，却也算战斗过。"正如安德烈·迈耶，这位被称为"这个时代投资银行领域中最具创造力的金融天才"，他白手起家，以令人惊讶的速度成为华尔街赫赫有名的金融大王，人们对他的评价极其特别，说他是"一个伟大的、绝对独一无二的人"。

**在艰苦中捕获希望**

1898年，安德烈·迈耶出生在巴黎一个富裕的犹太人家庭里。迈耶小上学时成绩就很不错，深受老师同学们的喜爱。但是后来由于父亲迷上了赌博，家境逐渐败落，迈耶不得不在15岁的时候弃学，承担起一家五口人的生活重担。但是头脑机敏、精力充沛的迈耶并没有在艰苦的环境面前退缩，他天资聪颖，13 岁就能背出巴黎证券交易所的所有交易价格，于是很快在交易所找到送信员的差事。当时家里人并不感到十分吃惊，因为在大家看来，迈耶的能力足以让他的工作游刃有余。

果然不出预料，在交易所工作没有多长时间，他就被一家私人银行雇用，银行老板非常看好他的经济头脑。第一次世界大战爆发，在战争环境中，政府财政举步维艰，但是银行业的发展却蒸蒸日上。天生具备敏锐商业头脑的迈耶很快注意到这一点，并从中分析出未来发展的经济格局，从中他也看到了自己的前途和希望，于是他开始了改变人生的奋斗历程。

当时迈耶在银行的工作非常辛苦，每天凌晨四点就起床，准备一天的生活，还要读《金融报》，并计划一整天的工作与任务。他经常在吃饭的时候和家人谈论市场行情，时刻关注金融信息，他对金融经济变化的反应极其敏锐，并将点滴的金融经济知识渗透进家庭生活的方方面面。这位只有 20 岁的年轻人在银行工作中表现得极为出色，很快就引起银行家们的注意，他的名声在当地传播开来。当时著名的犹太银行家莱曼十分欣赏他，在细心观察一段时间后，发觉这个年轻人大有前途，于是将自己最漂亮的女儿嫁给了他。

1927 年，迈耶入股“拉扎尔兄弟”的银行。他进入拉扎尔银行后的第个行动就引起社会的巨大震动，他将拉扎尔银行控股的雪铁龙下属子公司扩展成为法国第一家消费者金融公司，雪铁龙是法国著名的集团公司，有专门赊销汽车的业务，但庞大的消耗使得当时雪铁龙公司的资金吃紧，财政负担极大，经济状况堪忧。迈耶的这一举措大大缓解了雪铁龙的财政压力，但他并没有就此罢手，很快就将摇摇欲坠的雪铁龙公司卖给了法国另一家大公司，解决了大萧条期间雪铁龙造成的工业危机问题。

迈耶果敢的行动深受法国工人、法国政府和雪铁龙债主们的赞誉。一夜之间迈耶在金融界声名鹊起，同时也让他在政界编织了一张有力的关系网。除此之外，他还获得了法国政府颁发的荣誉勋位勋章。但是成功之路很难一番坦途，随着第二次世界大战爆发，纳粹政府疯狂迫害犹太人，迈耶不得不放弃在法国的一切事业，逃往美国。

**胆识见证成功**

到达美国以后，迈耶已经失去了往日在巴黎的地位，虽然美国纽约也有拉扎尔的营业机构，但对于当地人来说，迈耶就是一个空降而来的局外人。他在纽约人生地不熟，而且不懂英语，几乎是寸步难行。但迈耶并没有因为环境的限制而气馁，他私下里对自己身边少数的知己好友许诺："不出一年，我一定会成为老板!"

在当时的很多人看来，迈耶的这句许诺十分荒诞，简直如同不负责任的戏言。但是迈耶并不受外界舆论的干扰，他用自己卓越的智慧与坚韧的毅力，一年后几乎让所有旁观者都跌破眼镜，他真的实现了自己的诺言，成功坐上纽约拉扎尔营业机构总经理的位置。

这件事简直不可思议，很多人奋斗了一生也未必达到这样高的位置，他居然用一年的时间就做到了。接下来迈耶的行动更令人惊叹不已，他在拉扎尔银行机构正式上任，立刻进行了披荆斩棘般的改革，将公司定位为一种隐秘商行，主要为上流社会和富翁等少数人服务。他的决定令银行上下一片哗然，很多人打算看他的笑话，因为迈耶在纽约并没有什么人脉，对那些有经济实力的大公司和上流社会一无所知。

迈耶并没有因此而改变自己的计划，他很快就结识了一位投资银行家，此人很欣赏迈耶的能力和作风，并为他带来了一大批上流社会的客户。不久之后，迈耶又请到一名精通华尔街各种业务的联络员，还有一位精通证券分析和投资的大学教授，邀请这两位特殊人才做他的合伙人，目的是想让拉扎尔从一个商行转变为一个投资公司。很快，迈耶的想法付诸实践，并获得了巨大的成功。战后经济复苏带来无限的良机，迈耶则是第一批从中尝到甜头和好处的资本家。

1946 年 4 月，美国最高法院确认证券和兑换委员会的权利，同意解散几个公用事业控股公司，使得一些控股公司的股票价格暴跌，金融状况陷入混乱。迈耶立刻密切关注此事，他和助手们彻夜研究讨论，最后决定买进大量债券。不久之后，投机热再次在美国蔓延开来，许多债券一上市就被抢购一空，价格幅度上涨远远超过了预期。迈耶抓紧投资机会，又将债券抛售，他的每一个行动和每一桩生意都给拉扎尔带来了丰厚的利润。

如果说迈耶在金融界的如鱼得水源自他的超强能力，那么他在行业领域的拓展方面则展现出大无畏的胆识。1951 年，他收购了一家名为“北美矿物分离”的小公司，后又收购了一家粘土公司。众人都无法理解他的冒险行为，因为这两家小公司并不盈利，而且跟金融界的生意毫无关系。

但迈耶采取了一个大胆创新的行动，他将粘土公司一分为二，出售其中一部分，把剩下的部分与矿物公司合并，成立一家矿物粘土公司，此举让他轻松净赚 550 万美元。当金融界的大亨们目瞪口呆，根本还没反应过来时，迈耶又将矿物粘土公司和一家生产高岭土的公司合并，更名为“矿物化工公司”。他的举措让更多人糊涂起来，都以为迈耶要改行搞矿物生意了。但几个月后，迈耶突然将合并后的公司上市，融资吸金成功之后，股票一直上涨到每股 22 美元，这一举动使迈耶获得了四倍的高额利润。

几年之后，迈耶又策划将“矿物化工公司”和“菲利普兄弟”商行合并，这实际上是故技重施的招数，但是屡试不爽，这又让他净赚了 840 万美元。接下来迈耶展开了近似疯狂的合并行动，他的决策相当果断，策划了化工、采矿、贵金属、矿物生产、加工、销售众多公司的合并，成立了能够控制世界金属矿物的大资本集团。合并政策让迈耶快速致富，获得了丰厚的利润。同时，迈耶以他的热情和爽朗广泛结识各路朋友，逐渐在华尔街变得颇有名望，他把小公司合并变成了大公司，使经营者和股票投资者都赚了个盆满钵满。

迈耶的名望和地位上升之后，他邀请包括洛克菲勒兄弟在内的大股东投资世界上最大的种植园，但是股东们担心投资风险太大，在项目刚开始没多久便纷纷退出。经过周密分析，迈耶决定和另一名投资伙伴冒险投资，几个月之内他们又净赚了1000多万美元。这些超凡的决策和行动，足见迈耶过人的魄力和胆识。

滚滚的财源不仅使迈耶成为大富翁，也给他带来了巨大的社会声望。迈耶是一个具有坚定信仰的犹太人，坚信上帝赐予的财富和祝福理当与他人分享。于是迈耶成为一位活跃的慈善家，他将大量金钱和财富投入到慈善事业当中，他的热心和乐于助人精神符合犹太人的信念，这让他在世界范围内都享有崇高的威望。

**犹太智慧羊皮卷：眼光、果断、胆识的力量，可决定成败**

生活原本是一个巨大复杂的竞技场，金融竞争则是竞技场上的危险游戏，充满无数不确定因素和凶险的陷阱。一个金融策略可以使财富成倍增长，也可以将富豪从金子塔尖甩入深渊。安德烈·迈耶的创业故事，不是用简单的“努力”二字可以形容概括，世上努力的人数不胜数，但是安德烈·迈耶一类如此成功的金融投资大亨却凤毛麟角。

对于犹太人来说，创造财富几乎是一种本能。在创造和积累财富的过程中，除了要具备艰苦奋斗、永不放弃等精神之外，还需要眼光独到、判断准确、果断行动、胆识过人。具备了这些特质之后，才有可能在瞬息万变的金融界稳住阵脚，占有一席之地。

眼光、果断、胆识体现出一种伟大的人格力量，决定了前进的方向和成功的几率。安德烈·迈耶的一句诺言：“不出一年，一定会成为老板。”不是凭空的白日做梦，也不是幻想者的喃喃自语。他的目光已经看到了方向，他的胆识已经锁定了看似高不可攀的目标，他的每一个决策和行动，都有智慧和能力作为强大支撑。因此，成功不是空喊“努力”的口号，拥有长远的眼光，培养果断的个性和胆识，也是成功的重要条件。有眼光才有正确目标，有果断才有强占先机的行动，有胆识才有独创，才会比其他人前进得更快，扩展得更远，挖掘得更深。

# Part 3

# 管理之道：
# 管理的核心在于统御人心

古往今来，成功之道并非全部取决于贩卖物品、驾驭金钱，尤其对当今社会来说，成功标准的核心判断是驾驭人心，满足他人的欲望与情感需求。犹太人早就发现，真正的成功人士，一般都谙熟驾驭人心的管理策略和控制策略，他们善于用巧妙的心理驱动方式，以此引导他人、说服他人，让对方心甘情愿地被征服。统御人心是一门高深的哲学和艺术，精通心理策略，便能读懂别人的内心世界，成为一个懂得掌控人心的成功者。

# 别吝啬你的支持与尊重
## ——凯瑟琳·格雷厄姆为何受爱戴

人不是生活在真空中的，人的真正本质是社会性，需要社会交往和情感交流。任何人的存在，都不仅是为自己活着，也要为他人付出心血和贡献。每一个人的成长都需要无数人的支持和帮助，成功的背后有个人努力，也有他人的协助。人们在彼此帮助下获得成功，只有不吝啬帮助别人，才能为自己争取帮助。支持并尊重他人，才是对自己的人生负责。

凯瑟琳·格雷厄姆被称为“美国报业第一夫人”，她令濒临倒闭的《华盛顿邮报》起死回生，还建立了报纸、杂志、广播和电视融合的庞大媒体王国。这一壮举令她成为美国新闻史上的传奇人物。凯瑟琳用自己的一生诠释了支持与尊重的重要性，没有她对属下和伙伴的支持与尊重，便无法获得众人的爱戴，更不可能缔造出了不起的媒体神话——《华盛顿邮报》。

**幸福泡沫破灭，人生转变开始**

1917年6月16日，凯瑟琳·格雷厄姆生于纽约市一个富裕的犹太人家庭。父亲是纽约一位资深的银行家，曾经出任世界银行的第一任总裁。她的母亲是德裔移民，曾任《纽约太阳报》特约记者，后来成为政治圈和慈善界的成功人士。凯瑟琳的父母都对新闻报刊感兴趣，父亲收购了《华盛顿邮报》，并使之成为家族的固定产业。在凯瑟琳两岁半的时候，她母亲就曾预言：“凯瑟琳将成为一位伟大的女性。”而当凯瑟琳懂事之后，她也渐渐意识到：“我必定会成为一名伟大的女性。”这样的预言在凯瑟琳的潜意识里开始萌发，最终让她超越了一般女性的生活状态，成为充满智慧和责任感的伟大女性。

凯瑟琳家境富有，她自幼学习艺术，而且聪明无比，继承父亲精明的头脑，遗传了母亲的优秀能干。无比优越的经济条件为她铺就了相当美好的前途，她从小受到犹太人最好的教育，长大后顺利从芝加哥大学毕业，然后直接进入《旧金山新闻报》担任一名记者。在报社锻炼了一段时间之后，凯瑟琳回到自家的《华盛顿邮报》担任编辑。但当时《华盛顿邮报》的日发行量只有 5 万份，每年亏损 100 万美元以上，是当年首都华盛顿 5 份报纸中，质量最差、读者最少、亏本最多的一份。但是谁也想不到，日后这份报纸会在凯瑟琳的手中变成美国的媒体帝国。

凯瑟琳 23 岁的时候，与菲利普·格雷厄姆结婚，菲利普出身较好，才华横溢，而且毕业于哈佛大学。这段婚姻让凯瑟琳一度放弃了儿时的梦想，她不想成为一位伟大女性，只想做一位有钱人的幸福太太。凯瑟琳的父亲将报社管理权交给了菲利普，而凯瑟琳则做起了全职妈妈，养育四个孩子，全力照顾家庭。在菲利普的管理下，《华盛顿邮报》的发行量及影响力不断上升。这个时期的凯瑟琳感觉生活非常美好，日子过得舒心如意。

然而好景不长，事业有成的菲利普，脾气越来越古怪暴躁，对妻子渐渐产生不满，并长期同报社的一名女记者打得火热，引起很多风言风语。同时，《华盛顿邮报》的经营状况也日渐不善，背负了大笔债务，菲利普在承受经济损失时，也担负着与绯闻有关的巨大舆论压力。1963 年 8 月的一天，菲利普酗酒之后，在自家农场的小屋中开枪自杀身亡。幸福生活的泡沫一触即破，婚姻的破碎使凯瑟琳几乎喘不过气来。一个月之后，她毅然决定挺身而出，继续经营《华盛顿邮报》，并亲自出任报社的老板。

这个时候并没有人看好她，在他们眼里，凯瑟琳只不过是一个过惯了富贵生活的阔太太，几乎所有人都预言报社必将被破产拍卖，有一位评论家说："有许多原因可以说明《华盛顿邮报》必然要出售：一家经营不太好的报纸，一个岁数大的老业主，报社没有继承人，只有一个寡妇……"

凯瑟琳将近20年没有工作过，长期的家庭生活让她有些怕羞，严重缺乏自信，面对这样一个庞大的公司，她也不知道如何去支撑。但她知道这件事情已经没有任何退路，于是她放低身份，向周围遇到的所有专业人士学习，了解新闻的基本业务和经营手段。作为老板，她没有颐指气使，而是非常尊重报社中的每一个人。不管是地位低下的打杂工，或是地位较高的编辑，她都全力支持他们的工作，对他们的工作充满尊重和敬意。

最为明智的是，凯瑟琳用女性特有的关爱和无私的包容，大胆地任用比自己更优秀、更有才华的人，尽自己最大努力让所有雇员发挥出自身的积极性。在凯瑟琳的管理政策下，那些平时被忽视的职员感觉自己受到了尊重和重视，自己的身上也能散发出闪闪发亮的价值之光。很快，众人的积极性和潜能被调动起来，创意和点子层出不穷地涌现出来。就这样，《华盛顿邮报》的经营情况逐渐好转，并由此获得了新生。

**有伯乐才有千里马**

刚开始对《华盛顿邮报》的业务不熟悉，凯瑟琳会一一虚心询问下属，在报社内部广泛征求意见。不论身份地位名望，只要是好的意见就及时吸取。凯瑟琳始终坚持一视同仁，不因为雇员的出身和学历而戴上有色眼镜，她尊重每一个人，重视每一个人的优点和特点。

有一次，著名的专栏作家偶然提到："《华盛顿邮报》下属的《新闻周刊》有一个人才，名叫布拉德利。"凯瑟琳立即就请布拉德利吃午饭，席间，她问布拉德利对《邮报》的什么职务感兴趣，布拉德利开玩笑说道："如果总编的位置让出来的话，我愿意去填补这个空缺。”换了是其他人，或者会惊愕生气，或许只当做一个玩笑，但凯瑟琳却非常认真地考虑这件事，她经过观察和思考，最终决定让布拉德利掌管《华盛顿邮报》的总编辑大权。

凯瑟琳的魄力令无数曾经轻蔑她的人感到汗颜，她对人才的无私支持与尊重，给公司的发展带来了美好的前景。她如同一名目光如炬的“伯乐”，时刻尝试着发掘“千里马”，并给每一匹“千里马”提供全力的支持和发展机会。正因为凯瑟琳是一个与众不同的老板，所以在她的公司当中，绝不会错过埋没任何一匹“千里马”，哪个员工有什么特长，哪个员工生活过得辛苦，她都能做到一清二楚。

这样一来，公司很容易成为一个充满温情和关怀的整体，老板尊重支持员工，员工也尽全力为公司服务，彼此之间形成了良好的工作氛围。成功之路虽然充满坎坷，但是团结的力量不可阻挡。1970年，凯瑟琳推动公司上市，把《华盛顿邮报》从一个典型的家族企业改造为现代企业集团，同时重金网罗新闻界人才，并以礼相待。在她的努力下，《华盛顿邮报》很快成了以追踪调查为主的特色报纸，其风格独树一帜，消息灵通可靠，文章犀利深刻，向全社会展示出舆论的伟大力量。同时，凯瑟琳恪守职业道德，尊重新闻编辑自主权，维系了新闻媒介作为社会公器的责任和义务。

凯瑟琳身上明显刻有犹太人的特质，她非常尊重知识的力量。她在《邮报》的发稿会议上很少发言，也不干涉报道笔法和报道内容，这样的举措实际上是尊重知识和记者的头脑智慧，令编辑和作者们感到被尊重，如同遇到知音。有一次，约翰逊总统说：“老天啊，凯瑟琳正坐在她的办公室，她应该知道记者到底在写什么。”但凯瑟琳却回答说：“每一个政客都相信，报纸发行人坐在办公室里发号施令，甚至要告诉记者写什么，什么时候写。但事实不是这样，记者和编辑有自己的权利。”

越来越多的人才来到她的公司任职，凯瑟琳只要求作品对得起读者，尊重读者，除此以外的事务，都放权让各级主管、编辑、记者充分发挥自己的能量。当时五角大楼透露出关于越战的绝密文件，《邮报》的编辑和记者要求立即登载，但律师们十分反对，因为政府对此很敏感。当问题的尖锐性摆在凯瑟琳面前，这位女报人再一次站出来支持编辑和记者，据她自己后来回忆，当时她非常紧张害怕，但只是吞咽了一下喉咙，连续说了三个“Go ahead”。

1972 年 6 月，两位年轻的《邮报》记者查到尼克松在总统大选中做手脚的情报，凯瑟琳支持记者，将著名的“水门事件”率先捅出来。当时的尼克松政府为了掩饰此事，不断向她施压，并警告她不要“出风头”，司法部长更是暴跳如雷，还说出了威胁的一句话：“凯瑟琳会被大绞肉机绞死的！”在一片白色恐怖的气氛中，凯瑟琳一直坚持媒体报道人的操守，并告诉旗下的记者说：“我们已经游到河水最深的地方，没法退出了，只能勇敢前行。”

最后《华盛顿邮报》胜利了，尼克松被逼下台，《邮报》赢得了新闻史上里程碑式的成功，也因此赢得了 1973 年普利策金奖——公共服务奖。当时的评论界不得不说：“凯瑟琳是一位真正的领袖，真正的淑女，她是一代传奇。”

**犹太智慧羊皮卷：尊重他人，成就自己**

纵观凯瑟琳的一生，她的前半生如一只缚于茧中的蛹，几乎没人发现她的美，而她在艰难之中慢慢撕破厚茧，破茧成蝶，飞向更高远的天空。凯瑟琳的成功，不是由她一个人闯出来的，而是依靠千万人为她扬起风帆，使她的事业顺流直下，在困难险阻面前势如破竹。美国总统布什称凯瑟琳为“华盛顿及美国新闻界挚爱的第一夫人”。亨利·基辛格说：“她是一个不可代替的人，她的传奇是一种智慧、勇气，她是高质量生活的象征。她是世界新闻界最有权势的女人。”这些荣誉不仅来自凯瑟琳个人的努力，更多是源于周围人的爱戴与支持。

凯瑟琳遗传了犹太民族的智慧，知道尊重他人就是成就自己。因为她礼贤下士，尊重人才，虚心听取他人的意见，庞大的传媒集团才由此而生。成功不是她一个人开创的，在众多人的支持和努力下，凯瑟琳才取得非凡的成就。

因此，不要吝啬你的尊重和支持，或许尊重和支持不能直接带来成功和财富，但它们会带领人们走上成功之路，并且让成功之路变得快捷。支持他人，尊重他人，就会成就自己！

# 成为雇员心目中的英雄
## ——看威廉·佩利如何收买人心

历来犹太人都被公认是世界上最会赚钱的民族，犹太人的头脑充满智慧，而且每一个成功的犹太人都特立独行，他们喜欢以一种别开生面的方式将智慧转化为金钱财富。

哥伦比亚广播公司（CBS）的董事长和奠基人——威廉·佩利，是一位典型的用智慧创造财富的犹太人。威廉·佩利作为“CBS之父”，他用双手将CBS魔幻一般地崛起，并成长为美国著名电视网之一。从1955年开始，CBS夺得全国电视收视率第一的位置，然后把这个荣誉和记录毫无争议地保持了长达21年之久。这些成就来源于威廉·佩利坚持不懈的努力，同时也归功于他擅长运用收拢人心的商业智慧。

**用真诚和干劲获得支持与尊重**

1901年，威廉·佩利出生于芝加哥。1918年，他从伊利诺斯州奥尔顿的陆军军官学校毕业，之后在宾夕法尼亚大学完成学士学位。那时他年少得意，头脑精明灵活，很受父亲的重视，他从父亲那里学会了许多商业技巧，小小年纪就成为公司的总经理，为他以后开创事业打下了坚实的基础。

1928年，他决定用40万买下当时濒临倒闭的“独立联合广播电台”，并将其改名为哥伦比亚广播公司。他的这一举措令人惊讶，很多人并不看好这桩买卖，因为威廉·佩利实在太年轻了，而且根本没有经营广播公司的经验。此时的威廉·佩利只有27岁，他带着一张充满朝气和信心的面孔，摇身变成CBS的新总裁，这使电台的工作人员简直不敢相信，私下里都认为他只是一个有钱又败家的纨绔富二代。

CBS在成立之初，在各地以会员制和联盟台的形式建立起全国性播出网络，从而尽可能扩大受众的覆盖率，从而提高节目的播出效率。但CBS的经营状况并不理想，因为没有自己的发射台，联盟网络仅有的16个分支也一直处于赔本状态。佩利喜欢出其不意地做出决断，他收购广播电台之后，先详细了解情况，归纳各种劣势和漏洞，分析之后得出一个结论：CBS完全拥有崛起的潜力。

众人都不相信CBS能回光返照，但佩利接连推出一系列解决方案，使CBS在很短的时间内一扫颓势，在广播电台界迅速崛起。他的凌厉作风令同行感觉到危机，似乎CBS的时代即将来临。佩利先采取措施使得CBS在公众的心里树立了良好的亲民形象，然后他来到纽约招揽同盟，以合作和收购的手段将一些小电台纳入CBS的联盟网络，三天之后，他便成了20多家电台的拥有者，并为CBS签订了足够的合同。紧接着，佩利又转向美国西部，花费重金广招贤能之士，从各大电台挖走富有经验的专业人士和高层管理者。地方电台和大批人才的加盟，迅速扩大了公司规模，使CBS成为一个可同NBC抗衡的广播网，这也大大激发了电台员工的信心与斗志。

佩利拥有极其敏锐的观察能力，他发现最大的竞争对手NBC一直宣称是公共服务机构，对商业活动很少注意。他暗暗欣喜，因为他已经意识到广告客户的重要性，于是千方百计地联络新的广告客户，并成功地与美国烟草公司签订了烟草广告合同。这一举措获得巨大成功，CBS获得了超前的广告费用，而烟草公司通过广播网络的广告也获利不菲，由此吸引了大批广告客户纷纷前来。这一举措让 CBS 的竞争对手顿时一片慌乱，急忙调整商业广告策略，但却已经被佩利远远甩在后面。

随着电台广告的日益泛滥，普通的广告方式很难再想出吸引听众的噱头。针对广告的陈词滥调，佩利想到了新的办法，他抓住人们崇拜明星偶像的心理，消耗巨资请来众多名声显赫的大明星，在 CBS 电台中做节目，同时又为明星们拉到商业赞助，在提高广告质量的同时，也吸引了大批听众，从而提高了电台收听率。他的这一系列措施使 CBS 在美国飞速发展，每年的利润飞速增长，电台的知名度吸引了大量广告客户和明星，很快便成为一个商业运作的重要平台。

佩利在赚钱之后并不保守吝啬，他到处结交朋友，他的慷慨和热情为 CBS 争取到了无数客户的友谊，很多明星甚至不要出场费，免费为 CBS 做宣传。他还为电台员工增加工资和福利，经常到电台里亲近员工，了解员工的生活困难。他的真诚和干劲获得员工们的支持和爱戴，大大提高了电台的工作效率。

**当机立断、勇敢决绝，成就英雄事业**

在 CBS 发展的时代，报纸是最重要的新闻媒介，而新闻报道对于广播的重要性远未体现出来。佩利决定在不违反《广播条例》的原则下，逐步向公众提供可观的、最新的新闻报道。面对报界施加的压力，佩利如履薄冰的发展着 CBS 的新闻业务，他每前行一步都异常辛苦。此时的佩利已经是广播界大亨，坐拥丰厚的财富与资源，完全不必自讨苦吃跨界发展新项目。但他知道一名企业家要有远见和眼光，他的努力是为了让电台在将来获得长足发展。正因为这样，电台所有的员工才更加敬仰他，将他当作英雄一般崇拜。

随着 CBS 新闻业务的增加，节目的丰富性满足了更多听众的要求，却激怒了许多报纸发行商。1933 年 4 月，三大通讯社因担心失去报界合同，都开始停止向广播界提供新闻服务。报界暂时赢了初出茅庐的广播界。佩利鼓励士气低落的员工，对报界的霸道垄断不以为然，因为他清楚，报界的胜利一定只是暂时的，因为广大公众早已适应了广播这种方便的新闻媒介，任何人也无法阻挡时代潮流的来临。

广播公司的行动没有停止，仍然以小心的步伐尝试打破报业垄断协议，不断增加新闻的容量。同时，客户也察觉到这种新型媒介可以带来可观的经济效益，于是广播和广告界又重新紧密地合作起来，CBS 的发展步伐越来越大，报业界眼看着 CBS 的迅速崛起，却再也无法力挽狂澜。CBS 的员工们亲眼目睹了总裁的智慧与能力，将 CBS 的事业推向了一个又一个高峰。

威廉·佩利从 27 岁起到 89 岁高龄都是 CBS 的顶梁柱，不仅是公司的英雄总裁，也是员工们的精神领袖，他把自己的一生都奉献给了哥伦比亚广播公司。从 27 岁起，他就独挑大梁，凭借智慧和勇气开始了创业之路。在他的带领下，CBS 迅速发展为能与 NBC 匹敌的强大对手。1931 年公司纯利润达 235 万美元，即便在美国经济大萧条的 1934 年，众多公司纷纷破产倒闭，CBS 仍然盈利 227 万美元，30 岁出头的佩利很快成为一个名副其实的超级富翁。

哥伦比亚广播公司的发展历程也就是威廉·佩利的一生，CBS 从一个濒临破产的小公司发展为对美国社会产生深远影响的大帝国，都是威廉·佩利费尽一生心血去完成的。佩利将 CBS 当成自己的孩子一样去对待，他呕心沥血、精益求精，在他的带领之下，哥伦比亚广播公司的成功节目层出不穷，尤其在新闻广播方面，佩利使“哥伦比亚广播公司晚间新闻”节目名声大振。此后“CBS 特色新闻”节目也取得很大成功，《现在请看》、《60 分钟》、《世界新闻综述》等节目，都是佩利的得意之作。这些节目为电台培养出了一批优秀记者，成为新闻史上的一大亮点。

1990 年 10 月 26 日，威廉·佩利在曼哈顿的家中去世，享年 89 岁。他创建并“统治”哥伦比亚广播公司达半个世纪，将 CBS 打造成为庞大的传播帝国。他的去世引发了整个娱乐界和新闻界的哀悼，“哥伦比亚新闻”为此播放了一小时的特别节目《生命和遗产》，称佩利为“广播史的先驱和英雄”。作为传媒业的一个传奇人物，他把哥伦比亚广播公司发展成为一个神话，他的人生代表了旧时代的结束，也是新时代的开始。

**犹太智慧羊皮卷：英雄不是孤芳自赏，是调动一切力量叱咤纵横**

威廉·佩利是一名成功的犹太商人，他的当机立断，他的破釜沉舟，他的勇敢决绝，时刻展示出一种充满人格魅力的英雄作风。犹太人的智慧和勇敢在他身上体现得淋漓尽致，他在员工面前树立了英雄神话的榜样，也用遍布全国的广播网络获取了广大听众的真心。

威廉·佩利深知，犹豫是非常危险的，因为良机从来不会第二次光顾，痛下决断，大胆地行动，才能掌握胜利的主动权。人生和事业都如同战场，临阵踌躇不决，只会丧失战机，最终落得失败的下场。应当像佩利一样，做一名战场上的真英雄，联合盟友，果断行动，才有机会将自己立于不败之地。

佩利曾说：“将一切为我所用，才能事半功倍。生意场就是一个强者的战场，如果不能调动一切力量叱咤纵横，那么你只能被别人腾起的灰尘弄得灰头土脸。做生意不能靠单打独斗。”佩利用自己的真诚获得了同盟者的支持，在最大的范围内抓住顾客、广告商、听众、雇员的人心，从而打造了一个辉煌的传媒帝国。合作和争取同盟也是一种英雄作风，因为英雄不是孤芳自赏，英雄是带领同伴前行的灯塔，是最灿烂的希望之光。

# 在叛逆和创新中开创事业
## ——美元总统格林斯潘的逆思维

在开创事业时，犹太人把“逆”看作不可缺少的一种精神，他们认为“逆”并不完全代表逆反，它有时是一种创新精神，是不畏惧磨难的上进勇气。“逆”是坚持自己的思想，不轻易跟风做决定，不盲目追逐大众的标准，即使受到非议和质疑，也仍然活出自己的精彩。

在“逆”的勇气和精神上，格林斯潘为后人做出了典范。他是众多犹太名人中的一位，不仅在美国家喻户晓，而且在世界范围内也广为人知。他是美国第十三任联邦储备委员会主席，其任期跨越了美国的六届总统。他在经济和金融方面拥有前所未有的权威性和影响力，左右着美国经济和证券业的运行，甚至深刻影响着世界经济发展的轨迹。他虽然从未担任过美国总统，却被人称作是“美元总统”。

**幼年爱好与终身事业**

格林斯潘出生在一个犹太人的金融世家，他的童年有些自闭，因为父母的离异，让他整日沉醉于浪漫色彩的音乐中，仅仅为了寻找一种心灵寄托，以弥补亲情的缺失。格林斯潘这个爱好并未得到父母的支持，他们经常批评他，使他产生了严重的逆反心理。上学的时候格林斯潘对数字十分着迷，或许是受到身为股票经纪人的父亲遗传，当他发现音符被当成数字时，更具有迷幻般的吸引力。于是他渐渐把对音符的兴趣转移到数字上，开始潜心钻研经济和货币，并且兴趣越来越强烈。当他 22 岁的时候，在纽约州立大学获得经济学学士学位。

毕业后，格林斯潘从事了一些与金融有关的工作。直到 1954 年，年仅 28 岁的格林斯潘加盟纽约的汤森公司，很快在金融界崭露头角，凭借着对数字预测的天分和对风险应对的商业头脑，不到五年的时间，他便拥有了该公司一半的股份，公司也改名为 “汤森 – 格林斯潘咨询公司”。他把对数字的爱好运用到金融咨询的事业当中，很快就成为一位年轻有为的富翁。

格林斯潘无疑是个精明的商人，他很明白商人声誉的重要性，所以在他担任汤森总裁的时间里，利用他的一切关系广交朋友，打造了巨大的人脉关系网络，并在华尔街赢得“最精明证券商”的声誉。不仅如此，格林斯潘还非常有远见，他知道政界才是一个男人真正拓展天地的平台，于是他频频游走于华盛顿的官场，出席各种宴会活动，与上层官员们结交，积累政治人脉，为自己从商人向官员转变做足了准备。

研究数字是格林斯潘从小养成的一个小小爱好，但他却可以利用这个爱好为自己创造有利可图的商业天地。然而，在他身上却可以表现出与其他资本家的不同之处，他从小对数字和音乐着迷，因此知道数字的魅力绝不等同于金钱的数量。格林斯潘的心里充满了浪漫和艺术精神，不愿利用数字天赋去盲目追求世人都渴望的金钱，他想用这个独特而傲人的天赋开创更广阔的空间，做一些比赚钱更有意义的事情。

**金融之神的独特思维**

1970 年，格林斯潘成为美国总统经济顾问委员会的顾问，他的脚步开始迈入政坛。1974 年以后，他担任总统经济顾问委员会主席，对当时美国的经济快速增长保持着一种警觉，只要一出现经济失衡的迹象，他就会采取措施扭转局面。1977年，格林斯潘获得经济学博士学位，从经济理论研究到金融实践应用都游刃有余，是一位名副其实的经济学家。由于他个人的谨慎和稳妥，才得以指挥着美国经济巨轮，驶过了暗礁丛生的20世纪80年代，令美国在20世纪90年代经历了前所未有的经济繁荣。

格林斯潘一生都不盲目追逐过热的东西，作为美国经济的调控大师，在新经济形式下从不墨守成规，还勇于突破经济理论的束缚。在他看来，一切经济现象都应以当时的具体状况进行解释，任何经济理论都不可能通用几百年不变，他用实践经验打破了许多传统经济理论的完美公式。比如传统的经济理论认为，失业率高于6%，将会导致经济萎缩，而低于5%则会触发通货膨胀。但在格林斯潘掌控美国经济总舵的时期，美国失业率仅仅为4%，经济却仍在稳定增长。又比如传统经济理论的另一个论点是，经济过热必然将引发通货膨胀，但格林斯潘注意到，大规模的高科技投资不断提高经济热度，在生产率提高的同时也降低了生产成本，也就是说，新技术革命能在最大程度上避免经济过热带来的弊端。于是他不遗余力地推动新科技发展，用科技促进美国经济的高速腾飞。

走不寻常的“逆向之路”，必然要承受铺天盖地的指责和批评。格林斯潘的“怪招”频频，1994年，他一次又一次地提高利息，被人们视为“疯魔的行动”。1998年全球金融危机中，格林斯潘沉着应战，三次削减利息，从而使美国免受经济危机的严重波及，最终遏制住危机的蔓延势头。正因为格林斯潘的独特眼光和与众不同的思维方式，使美国经济在危机状况下仍然得以“软着陆”。美国国际经济研究所长伯格斯坦认为，推动科技革新的举措是格林斯潘“最了不起的历史性贡献”，不仅改变了当时美国的金融政策，也改变了美国的经济方向和未来，并对世界经济格局产生了巨大影响。

世上大多数人习惯正向思维，以固定的规律和法则套用新现象，这种死板的思维方式严重阻碍了理性分析的力量。格林斯潘推行的很多金融政策在当时看来，都是一种反常规的叛逆行为，带有极大的风险和不确定性。但是事实证明，格林斯潘不盲从任何经济法则，不在过热的经济领域中打转，而是在客观发展的新形势面前，用头脑和理性进行推理分析，从而建立一个全新的经济秩序。

**格林斯潘的加减法**

美国的资本经济局面相当复杂，格林斯潘能够应对自如，其原因是善于运用加息与减息的手段。经济加减法看似简单，但需要战略眼光和准确的投资判断，选择最佳时机，对消费、投资、贸易做出谨慎的预测，进行投资计划与分析，甚至对老百姓的衣食住行也要有准确的预期。具体说来，加息时间太长会抑制消费，危及美国经济发展结构；如果加息太短，则达不到控制居民消费水平的目标；减息时间太长，容易导致经济过热，减息时间太短，又容易引发通货膨胀。因此，加息与减息的准确性是一门高超的艺术，需要高超的专业素质和技能，需要敏锐的直觉思维，对详细的数据进行跟踪研究。

格林斯潘自幼酷爱数字，所以能将调控美国经济的加减法应用自如。美国在全世界范围内拥有强大的影响力和重要地位，世界上主要经济体制都以美元为中心，美联储在一定意义上具有世界货币储备委员会的职能。因此，美国经济已不单纯是国内问题，而是全球性的经济问题，美国经济加息与减息的幅度控制对全球影响都十分严重，往往要精确到小数点后数个节点。但是格林斯潘的经济加减法获得了巨大成功，此后各国的经济学家都沿用他的加减法，对于控制市场价格体系起到非常关键的作用。

犹太人天生对数字敏感，喜欢研究数字的奥秘从而积累财富。格林斯潘是犹太人中的精英人物，在数字上有着卓越的天赋和理解力。在他看来，任何热闹的经济现象都只是一种数字表象，当人们盲目参与各种经济游戏，格林斯潘则是理性而冷静地观察数字本身，从浮华的经济现象中看到了数字变化的原因和过程。这样一位拥有数字头脑的犹太人，成为美国国家经济政策的权威和决定性人物，也是任期最长的美联储主席。据说，他的公文包里藏着美国乃至全球的经济秘密，其重要性甚至可以与美国总统的“核按钮”相提并论。

格林斯潘曾经被伊丽莎白女王授予英国爵士称号，被法国人授予最高荣誉的法国荣誉军团勋章，以彰显他对“全球经济稳定所做的杰出贡献”。他被人们称为“金融之神”，在美国的影响力仅次于美国总统，是“美国第二大有影响力的人物”。他在经济职位上的任期时间比美国总统更长，美国总统换届或许不会产生经济波动，但格林斯潘的存在与否，却会关系到美国经济的走向。

**犹太智慧羊皮卷：没有怀疑和进步，就没有进步**

格林斯潘在全球获得巨大的影响力，多是源自于他与生俱来对数字的敏感和对金融经济的创新逆思维。霍金斯说过一句话:“在这个缺乏个性的时代，一定要确保你的与众不同。”对于商业来说，营销的本质不是卖最好的，而是卖不同的，一个成功的商人，必须要考虑如何使产品与众不同。

大众的、过热的、流行的东西，其中必然隐藏着盲目虚高的危机。格林斯潘曾经告诫大家：“所有人都看好的，绝不是什么好东西。如果连隔壁的老太婆都去买这支股票，那么你最好尽快把它卖掉。”不仅是商业，不仅是产品，一切卓越有价值的东西都应该是与众不同的。

格林斯潘的逆思维向世人诠释了一个道理，没有怀疑和叛逆，就没有人类的进步。在生活当中，正向思维能令人循规蹈矩，安于现状，而逆向思维却能推动人类发展和时代创新。正因为人类渴望到达未知的彼岸，才会有推翻旧格局的力量和勇气，去重新创造一个新格局。没有“异想”，就没有“天开”，或许逆思维在大多数人看来是“疯狂”的白日梦，但是如果连这个“梦”都不敢做，就更没有可能去实现梦想。成功只是一扇门，并不在乎用什么方式打开它，懂得调整思维方向，善于利用逆向思维的能量，让大脑和心理来个180度大转弯，给自我发展创造机会，那扇门或许就自动打开了。

# 取信于人高于一切
## ——马克斯和他的百货公司

犹太民族善于经商做生意，在他们的生意经中，取信于人是获得成功的重要原则。诚信第一，对于犹太商人来说是起码的要求。犹太民族曾遭受到过很多无端的打击和歧视，遇到过无数的谎言或圈套，但他们始终笃信犹太传统的教诲：遵守约定，诚实为人，方能进入圣洁的天堂。犹太人遵守约定，不仅是签订书面合同，即便是口头上的承诺，以及非正式协议，他们都会不折不扣地执行遵守。

重信守约的美德为犹太商人赢得了声誉，英国最大的服装和食品零售商——犹太人马克斯就是凭借诚信实现了企业的崛起与兴盛。马克斯－斯宾赛百货公司在英国各地开设了 260 家分店，每周接待顾客多达 1400 万人次，年盈利达 2.4 亿英镑，被称为“独一无二的英国阿姨”，连撒切尔夫人的衣服都在该公司购买。

**诚信经商，方能获得信赖**

马克斯出生在波兰的一个贫苦家庭，母亲在他出生时因为难产离开了人世，马克斯是由姐姐抚养长大的。19 岁时，他已长成为一名能干的青年，强烈的责任感使他感觉不能再依靠家人生活，于是，在 1884 年，他决心去英国闯荡一番。

当他到达英格兰北部里兹市时，已经身无分文，而且语言不通，连问路都很困难。值得庆幸的是，在里兹市聚集着很多犹太人，他们非常乐意接济这位新来的犹太小伙子。本地的犹太富商社赫斯特，专做批发百货生意，他觉得马克斯为人忠厚，便主动借给这个青年人 5 英镑，要他做点小买卖维持生活。

马克斯很庆幸得到这 5 英镑的资助，就做了个小商贩。他不懂英语，为了解决售货时讨价还价的问题，干脆将所有的货物清一色地售价 1 便士，并打出招牌——“不要问价钱”。

当然，马克斯之所以制定统一价格，是因为他的商品都是 1 便士的小货物，这样定价不会亏本。尽管是小本经营，但马克斯的买卖逐渐红火起来，甚至比本地的老商贩卖得都好，这与他的经营原则有关。别的商贩都想尽办法把手边的货物卖掉，所以只摆出破旧的样品给顾客看，而且不允许顾客挑选，唯恐挑旧的货物卖不出去。

马克斯的做法却完全不同，他总是收集各种好货色放在摊上，然后用开架的陈列方式，让顾客任意挑选货物，新货物很快售卖一空，挑剩下的残次旧货以更便宜的价格出售，也被顾客买走。经过两年的经营，马克斯的店铺已经初具规模，他再次求助批发商杜赫斯特，希望能与杜赫斯特合作，并扩大自己店铺的生意。但是杜赫斯特无意做零售生意，于是就将自己的员工斯宾塞介绍给马克斯。斯宾塞投资了 3000 英镑，成了马克斯的合伙人，他们将当时成本只有 36 便士的摊位变成了 35 个零售商店，并打出“马克斯－斯宾塞”的招牌，在伦敦比较繁华的街市设立了一家旗舰百货商店。

百货商店在建立之初，依靠薄利多销、物美价廉的经营策略，逐渐赢得了客户的信赖。在马克斯和斯宾塞的共同经营及互相信任下，公司发展很快，利润也不断增加，在英国的声誉更是与日俱增。他们不但诚信经商，更与非犹太人和谐相处，并用自己的财富去帮助犹太同胞和非犹太人。他们相信，只有以诚相待，取信于人，才会拥有更多的朋友和顾客。每一位客户都是朋友，以对待朋友一般的诚信对待客户，获取客户的无限信任，事业才会获得真正的成功。

**信誉和质量才是无往不利的成功秘诀**

生意越来越红火，马克斯依然坚持诚信待人，并未被成功冲昏头脑。有一个顾客被财务部门催债，说他欠了百货公司50英镑，这位顾客气冲冲地跑到马克斯的办公室，说他不但没有欠过这笔钱，而且一辈子再也不想购买这家公司的东西。马克斯耐心地听他抱怨，然后对他说："我要谢谢你来告诉我这件事，你帮了我一个大忙。因为如果我们的财务部门打扰了你，他们就可能也打扰了别的顾客，那就太不幸了。"

这名顾客做梦也没有想到会听到这些话，马克斯态度诚恳地让他放心："我们的职员要处理几千个账目，跟他们比起来，你不太可能出错。既然你以后不在我们公司购物，我就向你推荐一些其他的百货公司。"结果，这个顾客的怒气消了，而且以后还不停地在马克斯的百货商场购物，因为马克斯的诚恳态度打动了他。诚恳和信任对于马克斯来讲绝不是可有可无的东西，是必须坚守的人生原则，他始终认为，一家百货公司的老板身体力行讲求诚信，那么在他带领下的整家公司才有可能是诚信的。

对于犹太人而言，最大的痛苦不是被人欺骗，而是不被人相信，取信于人比利益更重要，诚信与利益应该相辅相成，没有诚信，就算取得利益也不能长久。《羊皮卷》指出：金钱是商人经济的担保，而品德是信誉的担保。说到经商成功，聪明、勤奋、机遇等固然重要，但诚信的品德却在不知不觉间决定了一切。这也正是"马克斯－斯宾赛"百货公司成功的全部秘诀。

马克斯英年早逝，他去世的时候，儿子西蒙才19岁。西蒙很快继承了父亲的遗志，在零售商店面临危机时力挽狂澜。西蒙结识了犹太商人伊斯利，二人互相联姻打造新的财富家族，联手共创辉煌，并着力培养第三代财富接班人。到1903年时，他们的“便士市集”和零售商店繁荣兴旺起来，规模迅速扩大，“马克斯－斯宾塞”百货商店成为英国举足轻重的零售百货。

信誉和质量是百货公司的招牌利器，公司董事长向全体员工说：“如果我们公司卖的商品质量达不到我和家人吃穿的水平，那就不能拿出来卖。”为了保持这种信誉和商品质量，有别于其他的零售商，公司开创了一种自营商标，凡是在马克斯——斯宾塞公司出售的商品，都经过专业人员的严格质检，然后统一标明商标。至今在全公司260多家分店中，清一色都是统一标志的商品。所以，马克斯－斯宾塞公司从不给顾客开凭据，顾客退货也无须凭据，因为有公司商标在，店方根本无需询问顾客是不是在店里购买的。

**犹太智慧羊皮卷：取信于人是事业成功的关键助力**

“马克斯－斯宾塞”公司对外很少用广告进行宣传，但他们的声誉和名望却不告而知，在英国无人不晓。一次，电视记者在公开场合采访首相撒切尔夫人，问她的内衣从哪儿买的，首相回答说：“怎么啦？当然是“马克斯－斯宾塞”，人人都上那儿买东西，难道不是吗？”从事广告业务20多年的广告公司主席米勒认为，“马克斯－斯宾塞”公司的名声确实很响亮，但事实上，他们并不做广告，这从广告的角度来看是一种反常现象。

这是因为，有了诚信，就能产生优质的商品和品牌，品牌的名气足够响亮，公司当然不需要花钱做广告，因为每一位顾客都是最佳代言人。人们会通过口耳相传的方式，将他们心中认为最好的品牌转告给其他人。倘若有数以百万计的顾客在商店里川流不息，便是最有效的宣传方法。

一个多世纪以来，“马克斯－斯宾塞”公司通过几代人的努力，已经摆脱了地摊集市和零售经营的地位，成为雄踞世界著名企业之列的大公司。公司始终坚守客户的利益高于一切，想办好公司，就一定要取信于人！

信任，是一个人对他人最基本的态度，也是人生成功之路的关键助力。取信于人，是自我诚信和信任他人的完美结合，人们之间只有互相信任，才能有正常的合作和顺利的交易，无限的财富便由此产生。

# 要懂得换位思考
## ——传媒大亨默多克裁员

《羊皮卷》中写着这样一句话："每一件事情都至少有两个面。"世界上最难的事便是与人打交道，不同的人看待一件事，会产生各异的意见。善于处理人际关系，首先要懂得换位思考。尝试从对方的角度考虑某些问题，设身处地投入到对方的立场和角色当中，那么某些看来山穷水尽，无法调和的冲突，也会因换位思考便可能进入"柳暗花明"的境界。

人们对默多克的名字并不陌生，50 年的时间内，犹太人默多克把普通的新闻报业缔造成了一个庞大的传媒帝国，成为当今世界上规模最大、国际化程度最高的综合性传媒公司之一。公司净资产超过 400 亿美元，集团经营项目涵盖电影、电视节目制作和发行，无线电视、卫星电视和有线电视广播，报纸、杂志、书籍出版以及数字广播、加密和收视管理系统开发等方面。

毫不夸张地讲，全世界人类每天读的报纸，看的电视，欣赏的小说都有这个犹太人的影子。尽管西方媒体对于他的评价毁誉参半，但是没人能否认他独特的管理手段与经营能力。正是因为有换位思考的个人习惯，他的商业经营手法才独具匠心，才成就了一位闻名世界的传媒大亨。

**换位思考，将事业推向更高更远**

1931 年 3 月 11 日，默多克出生于澳大利亚的墨尔本，他在家中四个孩子排行第二，也是全家唯一的男孩。默克多的祖上是犹太民族，从欧洲移民澳洲后，过上了比较富有的中产阶级生活。默克多自幼成长在传统的基督教家庭环境中，父亲是澳大利亚新闻周刊的董事长。1943–1945 年，十几岁的默克多在美国军队服役。第二次世界大战结束后，他回到自己的家乡，军营里的生活将默多克打磨成早熟的男子汉，并养成一种富有冲劲和干练的"野蛮"性格。

1949 年，18 岁的默多克来到英国，在牛津大学的伍斯特学院学习文科，学习期间他阅读大量成功名人的传记，这令他野心勃勃，激起了他内心中成功的愿望。1952 年父亲去世，年仅 21 岁的默多克继承了一份小报《新闻报》，当时《新闻报》还有其他投资者和合作人，他们故意排挤默多克，并以增加工作经验为理由，让他从基层的通讯员、记者干起。但是几经坎坷和磨难之后，默多克最终获得《新闻报》完整的拥有权，并开始在整个澳大利亚经营自己的传媒事业。

不久之后，默多克从澳大利亚转战到欧洲和美国，以狂风席卷一般的势头收购兼并了众多公司，其中包括久负盛名的英国《泰晤士报》，美国电影界大腕级电影公司——20 世纪福克斯公司。在此后的 40 年间，默多克将一个小报业公司发展为跨越欧、美、亚、澳几大洲，涉足广播、影视、报业诸多领域的传播媒介帝国。他在创业路上过五关斩六将，花费无数心血缔造了庞大的传媒帝国。

默多克的大半生似乎都受到幸运之神的青睐，但是进入 21 世纪后，全球金融状况风云变化，2008 年一场巨大的金融危机令传媒业严重萎缩，默多克同样面临着危机带来的困扰。作为全球传媒寡头，在金融危机的冲击下，默多克公司的经济状况比别人更加严峻，资金链出现严重的问题。经济不景气，就要压缩成本，降低资本投入，大规模裁员无可避免。而且新闻报业凋零，电影业冷清，资金成本难以控制，这些问题都威胁着默多克的传媒帝国。

在很多人看来，即便是精明的默多克，在金融危机面前也无能为力，仍然要在金融大风暴中受损失。2009年，默多克下令减薪40%，以解决公司盈利下滑、股价下跌的问题。为了避免严重亏损，他裁去多余机构的一些闲职人员，以及非技术人员，以节省开支和成本。遍布全球各地的员工们人人自危，职位较低的员工和新员工更是怨声载道，普通员工缺乏资历和人脉，在公司面临巨大危机时，必然首当其冲被裁掉，所以他们认为自己肯定是裁员的主要对象。

然而，默多克之所以能站在传媒帝国的顶尖位置，就证明他的思维方式必然与众不同。他站在员工的立场上进行换位思考，认为可以借助这场势在必行的裁员大战，将员工整体素质和积极性大幅度提升。默多克了解到，传媒帝国遍及各大洲，产业结构复杂，人员素质参差不齐，企业规模过大造成机构臃肿和人才浪费。公司中存在严重的怠工偷懒的现象，有些管理层和员工整日无所事事，浪费公司资源消磨时光。还有一些缺乏能力的员工受到高层庇护，在企业里作威作福却毫无贡献。

这些人力资源方面的问题，默多克都看在眼里，他假想自己是公司一名有才能的员工，该多么希望总裁能清除这些懒惰无用的蛀虫。金融危机正好给大量裁员找到了借口，默多克裁员的举措看似无奈，但其实他心中十分清楚，他所裁掉的人员对公司几乎没有任何价值。裁员行动迅速而残酷，甚至一些高层管理者也被裁掉，而一些有能力的员工发现自己没被裁掉，便明白了总裁的心意，于是全力打起精神，敏捷地应对金融危机带来的各样挑战。

默多克的裁员和消减成本策略是成功的，同时他也站在一些被裁掉的老员工的立场上换位思考，这些员工参与公司的创业，由于升迁的职位较高，长期安定舒适的生活，使他们变得懒惰，放松了对个人的严格要求。默多克知道，这些老员工年龄较大，被裁掉之后很难找到更理想的工作和职位，而且他们大多是家庭经济的顶梁柱，失去工作将会是莫大的打击。如果再给他们一次机会，想必一定会改头换面，努力工作。

在裁员之后，传媒集团很快就度过了难关，但其他一些企业公司却没那么幸运，逐渐在满目疮痍的市场经济中遭受淘汰破产。这样一来，大片的市场空缺出来，默多克决定再给老员工们一次机会，这些人在传媒行业摸打滚爬多年，熟悉行业规则，拥有丰富的经验，把他们重新整合起来，将成为了不起的巨大资源。默多克及时招揽被裁掉的老员工，利用他们丰富的工作经验迅速占领空缺市场。工作失而复得的员工们打起十二分精神，异常珍惜这一次重生的机会，终于在默多克的总策划之下，将传媒集团的发展推向更高更远的目标。

**换位思考，才能洞察对手的心理**

2007 年 5 月，正是金融危机席卷全球的前夜，传媒界冒出一个令人震惊的消息：默多克试图收购道琼斯集团，以每股 60 美元，总计 50 亿美元的价格收购了道琼斯集团的股票。道琼斯公司是老牌新闻传媒公司，创立于 1882 年，公司旗下拥有著名的《华尔街日报》和道琼斯通讯社。《华尔街日报》是美国历史最悠久的报纸之一，发行量在全国排第二，是美国乃至全球商务人士的必读报纸。

道琼斯董事会很快被总额 50 亿美元的收购价吸引，因为这个价格比道琼斯股票市值的 2 倍还多，简直让整个传媒界瞠目结舌。但对资本运作高手的默多克来说，他深知《华尔街日报》的影响力，也非常了解道琼斯的经营状况和困难，道琼斯急需这 50 亿，而默多克则是要利用《华尔街日报》的影响力和人气将传媒帝国升到更高的平台。经过深度的换位思考后，默多克坚信自己的决定是正确的。

正所谓知己知彼才百战百胜。默多克对任何事情的态度都有一种标准：生意的长远性是最重要的，只要有利于生意发展，无论是前期投资，或是借助某种势力和平台，都可以灵活调整，这也是默多克在全球扩张传媒帝国的致胜法宝。默多克准确地抓住了对手的心思，最终让道琼斯家族抵不住50亿的诱惑，成功收购了《华尔街日报》。

当然，在很多人眼中，默多克根本不能算是报业人，只能算是报业的投机商。但人们不得不承认，默多克是胆量、谋略与勤奋的奇妙结合，与那些传统意义上的报业人有很明显的区别，他的生意并不拘泥于报纸本身，而是关注新闻报刊带来的影响力。默多克的一生几乎没有认真办报，他个人总结的办报纸经验也十分另类：要时刻注意新技术的端倪，向新技术投资。显然，他是将办报当作平台和跳板，从新闻界的领域跳向更高远的目标。

世界上靠媒体赚大钱的人并不多，因为新闻界的发展过程极为复杂，牵扯到许多政治、经济、人际、环境因素，往往是费力不讨好的差事。在很多商人眼中，办媒体远远不如出售实物货品赚钱，很少有人愿意把时间精力投入到媒体当中。但默多克却是个例外，他凭借个人的冒险精神打造了全球最大的跨国媒体集团。媒体是最经常跟人打交道的一种行业，懂得换位思考的益处，拥有洞察人心的能力，既能抓住读者观众的心理，也能摸透传媒发展的方向。

**犹太智慧羊皮卷：学会换位思考，可让你好运相伴**

默多克认为，换位思考是与人交流的一种体验过程，传媒产品和销售对象都是人心意念的投射，随时把握人的心理和思维方式，就能使传媒事业立于不败之地。换位思考是心理学范畴的一门艺术，如同读心术一般，可以令人在职场和事业上一路顺畅、趋利避害。懂得换位思考的人通常都不顽固，因为在他们心中存在着某种既定目标，只要能达到目标，任何方法和手段都可以灵活运用。

坚持己见是一种可贵的人生原则，而换位思考则是难得的思维方法。对于一名身处高位的成功者来说，让他放下不可一世的骄傲和决断，站在别人的立场上思考问题，单是这种气魄和心态就足以令人钦佩。默多克身上流淌着犹太人的血统，自幼受到基督教文化的熏陶，特别擅长观察别人的心思，他牢记《圣经》中上帝的教诲：你们当温顺如羊，灵巧如蛇。

学会换位思考是对自我意识的挑战，要打败隐藏在内心中的顽固本我，做一个谨慎的倾听者和观察者。默多克的成功绝非仅靠聪明的头脑和纯粹的好运，他敢于在传媒界发展事业，敢于在人多口杂、变幻无常的媒体领域开拓帝国，正说明他拥有与人打交道的秘诀。世界上有无数的人，便会有无数的道理和心思，如果懂得换位思考，便能获取洞察人心的秘诀，在成功之路上才会有好运相伴。

# 在各方利益间找准平衡点
## ——外交家基辛格说媒

“岁月流逝传来的声音像是洪荒年代的箴言。”这一句出自赞美犹太人的诗篇，恰如其言，时间以磨练的方式锻造犹太民族的智慧，使他们最终变成了闪亮的传奇。犹太民族推崇高卓的远见、智慧的头脑、勤奋的学习、冷静的思考，面对时代出现的种种局势，洞察每个人所需要的种种利益，分析各方面利弊的平衡点，才可以被称为真正的智者。

著名的犹太籍外交家基辛格就是这样一位智者，他擅长用一种形象又简明的方式快速寻找到问题的关键，并能成功地找到解决问题的方法。基辛格能够审时度势洞察各方利益的关键所在，正因为拥有如此惊人的智慧和才能，让他成为一位举世闻名的外交家，创造出一个又一个外交奇迹。

### 巧妙的谈判手段

基辛格出生于德国巴伐利亚州菲尔特市一个犹太人家庭。1938年，为了逃避希特勒对犹太人的迫害，全家移居到美国纽约市。基辛格的中学时期是在曼哈顿北部的华盛顿高中度过的，那时他的英语发音不准确，始终保留着明显的德语口音，这让他遭到同学们的嘲笑和排斥。

这件事对基辛格打击很大，但他并没有气馁抱怨。当时家中的经济状况不好，基辛格决定晚上去华盛顿高中读书，而白天则进入一家剃刷工厂打工。

他在工作与学习中不断地锻炼自己的口才和文字能力。战争时期很多年轻人都放弃了学业，但基辛格却一直坚持到底，这种坚持和努力也得到了回报，他的语言能力开始飞速提高。1943 年 6 月 19 日，基辛格正式成为美国公民，当时他就读于纽约城市学院，当年应征加入美国陆军，由于他突出的语言才能，被安排在情报军团担任德语翻译。

战争结束之后，基辛格选择继续读书。1950 年，他以优异的学业成绩取得哈佛大学的文学学士学位。并于 1952 年及 1954 年分别取得哈佛大学的文学硕士和哲学博士。他的博士论文《修复的世界：梅特涅、卡苏里及和平问题》出版时长达 365 页，据说是哈佛博士论文中最长的一篇。1955 年，博士毕业的基辛格在纽约担任美国对外关系协会研究小组，并且担任研究主任一职，两年后他出版了《核武器与对外政策》一书，首次提出有限战争的理论，使他在学术界和对外政策研究领域崭露头角。此后的两年中，基辛格在哈佛大学从讲师一直晋升到教授，同时，他还担任洛克菲勒基金会特别研究计划主任、国际问题中心成员、国家安全委员会和兰德公司顾问等兼职，并且很快引起政界的关注。

基辛格是一名共和党人，渴望成为对美国外交政策有巨大影响的外交家，他很快就成为纽约州长纳尔逊·洛克菲勒的支持者和顾问，并在政治领域崛起，成为备受瞩目的政治和外交人才。1968 年，当尼克松成为共和党总统提名人，基辛格担任了尼克松的顾问，从此，基辛格离开哈佛校园，从一个学者专家的身份转变为制定国家外交政策的参与者。基辛格是世界公认最优秀的谈判大师，他曾经作为美国国务卿，代表美国进行了无数成功的外交谈判。

基辛格采取的外交谈判法形式多样，不拘一格，比如在中东问题上采取典型的穿梭谈判法，而在商界谈判中又采取“一对多”的谈判战术等。美国一直十分关注中东的石油产区，担心处于中东交通要塞的霍尔木兹海峡受到苏联威胁。当时中东各国都有自己的打算，伊朗想要增强本国的军事力量，沙特阿拉伯则打算以美元作为财政依靠。于是基辛格展开了一场精妙的谈判，只要伊朗阻止苏联势力南下威胁到霍尔木兹海峡，美国将提供一切必要的先进武器，帮助伊朗提升军事力量。伊朗同意这一协议，用石油购买大量美国武器，并且阻挡苏联的军事势力渗透。

基辛格又向沙特阿拉伯表示美国在财政上一定进行帮助，但要求沙特在海湾地区支持美元作为中东各国储备货币体系，沙特国王欣然同意，立刻推行美元作为中东各国储备货币体系。几个星期之后，伊朗和沙特国王才明白这些协议的最大获利者是美国，由于伊朗军备计划的实施，美国的预期目标也已经达到，至于中东各国石油价格和军事力量如何均衡，那已是下一步要考虑的问题。

晚年在退出政界以后，基辛格仍旧在商界谈判中施展才华，经常采用“一对多”的谈判战术，如果同时面对三方以上的对手，他就私下里告诉每个对手一个“机密”，他深信这些对手之间一定会互相保密，并且封锁消息，通常在很长一段时间以后才会相互公开所谓的“机密”。这就为基辛格达到目标争取了时间，等对手们把“机密”都公开了，才发现所谓的“机密”一文不值，这些只是基辛格的巧妙手段而已。

**“无中生有”也是一种才能**

基辛格的谈判技巧变化莫测，据说他即便使用“无中生有”的办法，也能使不可能实现的事情变成现实。有一位很有经济才能的年轻人，但由于他只是一位贫穷老农的儿子，不但难以在事业上发展，连婚姻大事都成了问题。

基辛格决定出手帮忙，主动为年轻人做媒，他找到贫穷老农说：“你儿子找到了一位最好的媳妇。”老农摇头回答说：“我从来不对儿子的事情发表意见。”基辛格说：“可这姑娘是罗斯柴尔德伯爵的女儿。”当时，罗斯柴尔德是欧洲最有名望的银行家。老农说："如果是这样的话，我举双手支持。"之后基辛格找到罗斯柴尔德伯爵说："我已经为你女儿找了一个万里挑一的好丈夫。"罗斯柴尔德伯爵忙婉言回绝道："我女儿太年轻了，还不到出嫁的年龄。"基辛格说："可这位小伙子是世界银行的副行长。"伯爵马上说："如果是这样的话，我同意他们交往一下。"基辛格又去找到世界银行的行长，道："我给你找了一位副行长。"行长回答："银行现在不需要增加一位副行长。"基辛格说："可这位年轻人是罗斯柴尔德伯爵的女婿。"于是，世界银行行长欣然同意。就这样，基辛格不仅促成了这桩美满的婚姻，也让农夫的儿子摇身一变，成为世界银行的重要人物。

基辛格说媒的故事，便是用"无中生有"的谋略创造了奇迹。"说媒"成功的关键在于基辛格找到了各方的需求，并通过满足各方的利益，最终达到自己的目的。本来这是一件不可能的任务，基辛格却轻而易举地成功了，因此，只要拥有善于平衡利益的智慧和本领，即便是天方夜谭，也有可能变成现实。

**平衡各方利益，可让人在风云变幻中游刃有余**

基辛格曾被称为"20世纪最聪明的外交家"，他自身是一个复杂的矛盾体，他巧言善变，拥有把任何东西卖给任何人的销售能力，拥有让企业起死回生的口才，他打通了僵化20年的中美关系，成为世纪外交史上的一项奇迹。

基辛格的性格展示了他的动人之处：聪颖过人、灵活多变、巧舌如簧。在政治上，他不喜欢极端的革命，善于协调经营政治，这使他避免从过分意识形态角度看问题，既是一位开明的保护主义者，也是一位不激进的进步主义者。他对于中国的态度，清楚地表明了这一点，当时机来临时，他的杰出外交能力搭起中美关系的桥梁。

基辛格的时代，战争与社会矛盾使美国陷入混乱之中，他用独特的政治协调能力，拉近了美国与中国、苏联的距离，建立既合作又共存的微妙关系。基辛格一生的谈判经历彰显出他与生俱来的狡黠与生存能力，在他的《白宫岁月》中，记载了从1968-1973年间他的外交经历，从越南战争到中东冲突，从与中国的会谈到智利革命，他经历了前所未有的世界风云变幻，他是唯一同时兼任国务卿与国家安全顾问的政治人物，即使在“水门事件”的飓风中，大量政治人物落马，他仍然毫发无损。

**犹太智慧羊皮卷：寻求各方利益的平衡点，让利益最大化**

政治学家在评价基辛格时说：“当社会变化停滞时，他推动变革，当变革速度过快时，他又调节减缓速度。”作为一个外交家，基辛格不仅拥有能言善辩的本领，而且还为国家和世界做出贡献。他的巨大成功在于他一生都在寻找各国利益的平衡点，让全世界的利益达到最大化。基辛格说媒的故事是最好的证明，当各方利益整合在一起，找到一个完美的解决问题的解决方法，一加一就不仅仅等于二，也可以远远大于二。

外交家和谈判者如同穿针引线的媒人，他们自身并不产生利益，但是却可以挖掘利益、联合利益、重组利益。世界由单独的个人组成，每个人都拥有自己的利益点，当这些利益点无法联合在一起，就不能成就一番大事业。古往今来，世上任何一个庞大工程和事业都由各方利益组成，个人不可能单靠自己经营一个帝国。找准各方的需求，即便立场不同的敌对者也可以为利益进行联盟。在利益面前，没有永久的朋友，也没有永久的敌人。正因为基辛格深谙这个道理，才会在各方利益的夹缝中穿梭往来，将一场场谈判进行得游刃有余。

# 员工利益高于一切
## ——拉里·佩奇的员工餐点

犹太商人笃信一个信条："给别人机会，才给自己机会；重视他人的利益，才会使自己获得利益。"犹太人擅长做生意，他们无论生活在哪里，无论处于什么时代，都能以敏锐的嗅觉和眼光寻找到财富的重要源头。时代在改变，经营管理模式也需要不断更新，如今高速发展的信息时代或许无需花费几十年创造和积累财富，很多旧观念和旧模式都将被新时代逐渐淘汰。

当一批批毫无经验的年轻人获得成功，当一个一个毫不起眼的普通青年登上富豪排行榜。人们惊叹时代变化之快的同时，也突然发现财富新贵们正在颠覆传统经验，用他们独特的管理方式获得了惊人的成就，创造着辉煌的未来。

有这样一位犹太商人，他管理公司的做法与众不同，当别人把顾客的利益捧到最高，他却把员工的利益看得高于一切。他是搜索引擎 Google（谷歌）的创始人之一，谷歌的产品 CEO，被称为是"未来的全球领袖"和"创造未来的年轻发明家"。他曾在《福布斯》2007 年度美国富豪排行榜与谷歌的谢尔盖·布林并列第五，他就是闻名于世的另类企业家，把公司打造成"家"一样的环境，认为员工利益高于一切。他是当今世界的传奇人物，犹太民族在新时期的代表人物——拉里·佩奇。

**从员工餐点到谷歌福利**

1973年，拉里·佩奇出生在美国密歇根州东兰辛市的一个犹太家庭，他的父亲是计算机教授，母亲也在大学里担任计算机教师。拉里·佩奇毕业于美国密歇根大学安娜堡分校，拥有理工学士学位，他曾担任密歇根大学 Eta Kappa Nu 荣誉学会的会长，因其出色的领导才能获得多项荣誉，谷歌就是由佩奇在斯坦福大学发起的研究项目转变而来的。

刚进入而立之年的拉里·佩奇创立了谷歌，让全球数百万人利用谷歌搜索引擎，而谷歌的员工们也因为公司的上市而收获巨大利润。在创业之初，佩奇的办公室极其简陋，硬件设施也不齐备，很多有才能的技术员工应聘而来，见到如此落破的小公司，并不看好谷歌的未来。

为了留住员工，并且让员工对谷歌充满希望，佩奇在办公室的屋外草坪上种了蘑菇，还养了一条狗，每星期举行两次曲棍球比赛。他与员工们一起同吃同乐，营造出和谐融洽、宽松愉悦的工作氛围，极大地鼓舞激励着年轻人的斗志和信心。尽管办公条件十分寒酸，但员工们却非常乐意待在办公室里，享受充满活力和温馨的团队协作。

越来越多有能力而且忠实的员工愿意留在谷歌，佩奇又专门请职业厨师为员工做饭，他要让谷歌的员工感受到家庭一样的舒适和温暖，甚至员工每天的菜谱都成为佩奇花费时间研究的重大决策之一。如今谷歌公司已经从几名员工发展为2000多员工的大企业，但他们的特殊福利仍然保留下来：免费又丰富的员工餐点，一日三餐，可以尽情享受。

佩奇在接受《财富》杂志独家专访时，介绍了谷歌努力营造的家一样的环境，自豪之情溢于言表。他认为："公司要像家一样，员工觉得自己是公司的一部分，公司对他们来说就是一个大家庭。"谷歌员工餐点虽然免费，但质量却是一流的。大部分公司的员工食堂都考虑成本问题，毕竟没有多少老板愿意掏自己的腰包给员工买单。但佩奇却乐意这样做，因为他认为如果员工连饭都吃不好，又如何有劲头全身心地投入到工作当中。

正因为佩奇的慷慨，谷歌员工餐点质量之高毋庸置疑。谷歌员工食堂不亚于一家高档饭馆，不仅用餐环境典雅舒适，而且各类食物琳琅满目，员工餐中包含了世界各地的特色美食，甚至还有中国的麻辣烫。除了咖啡、可乐等常见饮料外，各种果汁和饮品都有几十种。谷歌员工餐点的丰富和多样化也是一大特色，在半个月之内，员工们绝不会见到重样的一道菜肴。为了确保饮食营养和安全，公司还专门聘请知名大厨和营养专家为每种食物进行营养分析鉴定，然后用不同的颜色标牌进行标注，让员工根据个人的营养需求选择餐点。

谷歌是信息时代的一个技术型公司，佩奇把每个员工都当作难得的人才看待，并不是让他们成为赚钱的机械工具。在高速发展的信息时代，公司的发展瞬息万变，若想确保一家技术公司的持续发展和稳定，人才的归属感最为重要。好好对待每一位员工，让他们觉得自己正发挥极其重要的作用，为公司的大家庭做出有益的贡献。这样一来，无论公司遇到何种状况和困难，所有员工都能抱成一团共进退。这就是谷歌的理念，员工的利益高于一切，给员工提供足够的福利和待遇，员工也会用聪明才智和创造力回报公司。

**谷歌的“免费文化”和“创意文化”**

一个企业的成功不仅需要有领导能力的领导人、高素质的创意丰富的员工、富有竞争力的特色产品，还需要打造良好环境的企业文化，让员工保持身心愉悦，由衷地爱上本职工作。在谷歌，免费文化和创意文化是企业文化的两大特色，公司为每个员工提供“装修经费”，任何人都可以用创意对自己的办公区域进行装修装饰，甚至还定期搞创意竞赛。

在谷歌公司，办公室完全不象办公室，而是张扬个性和创意的空间。公司每层办公楼之间都安装了一个滑梯。除了娱乐功能外，还可供员工们在发生火险时紧急撤离。公司给每位员工至少配备两台大屏幕显示器，不仅为了工作方便，还能娱乐放松。每个办公室只有4—6名员工，在办公区域还配备有台球、视频游戏等娱乐设施。除此以外，公司内还配备精良的健身房、瑜珈厅、按摩休息室、休闲电话间，所有的一切福利都是免费。

佩奇清楚地认识到，谷歌的快速发展全靠员工们提供的源源不断的创意和技术革新，创意和革新只有在宽松愉悦的环境下才会得到最好的发挥。于是，谷歌的免费员工福利比其他的公司更为丰厚，除了免费美食、设置健身中心、娱乐设施、24小时开放的健身房之外，还为员工安排了瑜伽课、游泳课程、健康讲座、医疗服务、营养师咨询、干洗服务、按摩服务、私人教练、温泉水疗服务、免费班车服务等等。谷歌公司还与专业的顶级发型设计师签订合约，谷歌员工可以享受打折美发的特惠服务。

免费文化极大地推动了创意文化的发展，谷歌公司上下到处是新奇的创意，员工们无时无刻不在转动着脑筋，为公司的发展提供无限量的创意。不得不说，佩奇是一位充满智慧的老板和生意人，他明白物质资源有限，产品资源有限，但大脑创意无限的道理。在信息时代，产品已经最大程度虚拟化，滚滚不断的财富不是来自物质资源，而是来自于人类的创意。谷歌公司的发展不需要物质材料，只要员工们的大脑足够活跃，便会创意不绝，财富永在。

**平等与尊重，会打造出强大的凝聚力**

谷歌是一家充满年轻活力的公司，在信息时代风涌云起的竞争当中，谷歌能够一枝独秀，占领巨大的搜索引擎市场份额，这与公司的独特企业文化息息相关。在谷歌公司，平等与尊重是企业文化的核心，不论是管理层，还是员工之间都以平等和尊重作为公司发展的重要原动力。佩奇十分清楚，只有在平等和谐的工作环境下，员工才会爆发出创造的潜力。只有彼此之间相互尊重，公司才会打造出钢铁一般强大的凝聚力。

谷歌公司有这么一个小故事。一名新聘的秘书第一天上班，但怎么也搞不定复印机，在她身后等待复印的一位先生耐心地教她怎么使用，当她终于学会以后，才突然发现这位先生居然是公司的CEO佩奇。新秘书感到十分惊讶，紧张得束手无措，但周围的老员工都有说有笑地忙着自己的事情，似乎根本没人留意这件事。原来在谷歌员工们的眼中，佩奇既是他们的老板，也是他们的朋友和伙伴，朋友之间互相帮助，这有什么好稀奇的！

谷歌公司的强大技术性质和特征，决定了每天都有技术革新问题冒出来，佩奇的周围都是独当一面的高科技人才，随时打算与他进行革新辩论，他曾经每天与合作伙伴布林进行激烈的争论，在思想火花的撞击中开拓出新模式和新方法。高技术公司的超级人才多拥有敏锐的头脑和坚韧的个性，一个大公司拥有2000多名员工，意味着要含纳兼容2000多种独特的头脑和个性。独裁和等级制度只能压抑人才的创新思维，平等合作的精神才会出现百家争鸣的繁荣局面。世界上没有什么比智慧更为珍贵，让2000多个智慧的头脑完美地契合，同心协力联合工作，从中创造出来的力量与财富便可想而知。

**犹太智慧羊皮卷：员工的利益成就老板的利益**

企业的利益是员工创造的，这在信息文明时代表现得更为明显。佩奇最先看到了人类头脑的无限潜能，他将每一个员工都当作是巨额财富的创造者，公司的利润全靠员工的努力。传统工业文明时代那一套剥削式的管理策略早已落伍，榨干员工血汗只会让人才流失，让企业关门倒闭。公司的老板若要发财，首先就要学会尊重员工的利益。在信息文明时代，富有创意的员工是企业开拓者，老板则是员工们的后勤服务者，想尽办法留住有才华、有头脑的员工，就等于留住了巨大而又能无限增值的财富。

每一个伟大的企业，都离不开充满智慧的灵魂人物。拉里·佩奇无疑是谷歌的灵魂和太阳。他用自己的魄力和智慧缔造着谷歌传奇，谷歌日益强大的生命力也必将证明这位灵魂人物的卓绝见识和眼光。员工的利益高于一切，这种理念中充满了对人类智力的尊重和敬意，智慧者如拉里·佩奇，必将带领谷歌走向辉煌更耀眼的未来。

# 把机会留给年轻人
## ——主动离职的微软 CEO 鲍尔默

21 世纪信息时代的发展突飞猛进，许多新变化打破了传统用人的规则，在比拼新科技和新技术的行业中，个人的技术创意往往比多年的工作经验更为重要。微软公司前首席执行官兼总裁史蒂夫·鲍尔曼就深信这一点，鲍尔默于 20 世纪 80 年代加盟微软，拥有哈佛大学数学和经济学学位，是比尔·盖茨聘用的第一位商务经理，曾先后担任微软公司的销售支持执行副总裁及微软公司总裁。

在微软公司的突出成就，使他荣登 2006 年的世界福布斯排行榜，位居第 24 名。当微软公司面临时代潮流变革之时，公司上层卯足了劲打算一起大踏步前进，而鲍尔默却选择了退位让贤，他认为自己的时代已经过去，要把新机会留给富有创新精神的年轻人。让新的领导者引领公司进行变革，使微软公司能够在激烈的市场竞争中立于不败之地。

### 热情的领导者和革新者

1956 年，鲍尔默出生于一个普通的犹太家庭，父亲对他的教育非常严格，一再督促他将来必须要读哈佛大学。鲍尔默自幼酷爱学习，尤其在数学方面成绩名列前茅，他没有辜负父亲的期望，在高中时期的数学竞赛中获得了全美国前十名的好成绩，并因此拿到了哈佛大学数学系的奖学金。此后，他又在美国高考中取得了满分 1600 的优异成绩，这为他以后顺利进入哈佛大学打下了坚实的基础。

1973 年，鲍尔默进入哈佛大学，大学时期他并不是一个只知埋头苦学的“书呆子”，在刻苦学习的同时广泛发展自己的兴趣爱好。鲍尔默不仅担任过校足球队队长，也在《红色哈佛》报刊和哈佛文学杂志工作过，并且是男学生“狐狸俱乐部”的骨干成员。鲍尔默浑身上下总是散发着热情和活力，结交了很多朋友，并且打算毕业之后跟这些充满梦想的年轻朋友一起创业。1974 年，18 岁的鲍尔默正读大二，他认识了人生中最重要的一位朋友——比尔·盖茨。两人志同道合，成为亲密的好友。1980 年，在比尔·盖茨的努力劝说下，鲍尔默同意加入微软公司，此时的微软公司尚处于孕育期，鲍尔默的加入无疑给微软注入了一剂强心剂。

鲍尔默在微软是热情的商业领导者，也是落后技术的革新者。1980 年对于微软公司以及鲍尔默个人来说，都是极为重要的一年，IBM 公司选中微软公司为其新 PC 机编写操作系统软件。微软公司的 MS-DOS 抓住了最佳时机，因此取得了巨大的成功，从此微软公司依靠强大的操作系统软件席卷了全球，占据了绝大多数的电脑系统软件市场。

鲍尔默在微软公司不仅负责微软的日常管理和运营，也在软件开发方面付出心血，凭借自己的才能推动微软的飞速发展。他在公司多次担任重要职位，几乎微软所有的部门他都待过，哪里有麻烦哪里就有他的身影，曾被称为“救火队长”。1998 年，鲍尔默被任命为微软管理总裁，2000 年成为微软的首席执行官。在微软公司，有人这样评价鲍尔默和比尔·盖茨这对搭档：比尔·盖茨是技术领袖，指引微软的目标和前进方向；鲍尔默是技术实践者，让这种目标和方向一步步成为现实。比尔·盖茨是微软的大脑，他可以沉迷于写程序研发新技术，却被琐事儿弄得手忙脚乱；而鲍尔默是微软的心脏，让微软有条不紊的运行。正是鲍尔默一直协助比尔·盖茨，造就了微软这一世界上市值最大的公司。

鲍尔默和比尔·盖茨这一对好朋友带领微软公司走向一个又一个辉煌，除了他们之间相互信任、彼此鼓励、互相配合之外，他们年轻的创新思维对公司的发展影响巨大。他们都懂得最大程度地挖掘自身的创造力，因此能够适时地抓住发展机遇，将微软公司推向新高度的同时，也体现了其自身的成就和价值。鲍尔默凭借年轻人的一股热血和冲劲，在微软公司大展身手，他的非凡拼劲和充沛精力让微软公司生机勃勃。对于一家以新技术开发为主的公司来说，年轻的头脑和创造力至关重要，任何陈旧落伍的思想和经营模式都会使公司陷入发展瓶颈。

**承认自己的不足，给新人以机会**

2010 年之后，全球新媒体平台的发展严重影响到微软公司的未来，当年微软公司以个人电脑 PC 机软件的优势风靡全球，但如今却是网络时代，手机互联网平台在全球范围内大规模抢占电脑市场。微软公司的发展走到了一个十字路口，如何应对挑战，对于首席执行官鲍尔默来说至关重要。

2013 年是特殊的一年。在这一年中，微软公司关闭了即时通讯服务 MSN，收购诺基亚手机业务及其大批专利组合，同时，微软公司也告别了陪伴其成长的鲍尔默。2013 年 9 月 26 日，微软 CEO 史蒂夫·鲍尔默在最后一次作为 CEO 出席的公司会议上对微软做了最终道别：“对于公司过渡而言,永远没有最合适的时机,但现在是正确的时候。对于我而言,这是一件感伤且艰难的事情,但我愿意为自己所爱的企业的利益走这一步。也许我是旧时代的象征，我得罢手去做别的事，不管我有多热爱我现在所做的工作，对微软来说，进入新时代最好的方法还是引入新领导者加速变革。”

鲍尔默在离职演讲中阐述他对公司的惜别与不舍之情，但即便有诸多留恋，鲍尔默也下定决心选择离开。因为他相信，公司的未来是属于年轻人的，应该给年轻人提供创新的机会，为了公司的进一步发展，微软需要更年轻的领导者来引领变革。“各位年轻人，请相信，我们会再次改变世界！”他退职之前对公司和后辈们表达了最好的祝福。正因为鲍尔默已经清醒地意识到，他的时代已经过去，在新潮流涌来之际，他的力量已无法带领微软公司走向新的辉煌，因此他毅然决然地选择退休，同时退出微软的董事会，希望下一任的 CEO 能够整顿公司，开创微软更美好的未来。

微软公司是鲍尔默花费半生时间和精力一点一点建立起来的，从雏形时期的小软件公司，一直到如今庞大的微软集团，每一次变革和飞跃都有鲍尔默的心血和汗水。虽然他的离职有些无奈和感伤，但同时鲍尔默也是真心想要退出，因为微软就如同他的孩子，如今微软需要技术更新，需要一名适应新潮流的领导者，所以他宁愿退出来，把位置让给年轻人。让年轻人有机会展现自己的创意和才能，也把发展的机会留给新一代的微软公司。

鲍尔默是睿智的，也是令人敬佩的。57 岁的他并不能算老，但是他却能做出放弃高位的决定，在时代发展面前承认自己的不足。他坦荡地承认自己是旧时代的象征，微软必然要打破原有模式，而这个模式就是他自己。年轻人代表未来，新世界和新潮流都是属于年轻人的，于是他把微软的舞台留给年轻人。

**热爱人生，便能让人生时刻发光**

鲍尔默在把微软交给新掌门之后一段时间里，不知道怎么打发自己大把的空闲时间，竟然在两周内看了大约 100 集美剧。他不习惯闲适的生活，甚至感到有些迷茫。但是很快，他明白了人生意义的真正所在，万众瞩目的生活只可以成为生命中的插曲，但绝对不是主旋律。

他很快恢复了充沛的精神活力，年轻时期的鲍尔默一直酷爱运动，不但是一名业余篮球爱好者，而且还曾在大学时期担任足球队队长。他从微软退休之后，投身于篮球事业，并有一段时间担任球队经理的职位，他的血液中流淌着对体育的热爱与向往，在退休后终于圆了他 NBA 的老板梦。鲍尔默对篮球的钟情，也让全家人都成了篮球迷，两个儿子在他的熏陶下，都成为了出色的运动员。

因为热爱微软，鲍尔默把微软交给年轻人，因为要给年轻人和微软一个机会；因为热爱篮球，他把自己晚年的生活交给篮球，因为要给自己一个机会。鲍尔默让世人看到，即使离开微软公司总裁的宝座，他也仍然是成功的人，他的生命中始终都闪烁着熠熠生辉的活力。

犹太人的智慧在鲍尔默的身上得到了完美的体现，人生的进退都是一门艺术，无论上到山顶，抑或退到平原，都可以活得同样精彩。他凭借智慧和热情，成为一名成功的企业家。与此同时，他也凭借着对生活的热爱，成为一名销售明星和演说家。人生时时刻刻都能闪光，只要热爱，便有成功。

**犹太智慧羊皮卷：将机会给更合适的人，人生要在正确的地方发光**

成功的道路狭窄而艰难，千万人踏上独木桥，只为了扑捉难以获取的机会。权力和地位给人带来莫大的安全感，更容易使人疯狂，鲍尔默正当壮年时期，就主动让贤退位，把机会留给年轻人，这需要莫大的勇气和智慧。鲍尔默年轻时加入微软，他的选择是成功的，如今人过中年的他离开微软，他的选择仍然是正确的。世界的发展瞬息万变，人生也不一定永远守在一个位置上，应该学会在正确的地方发光，鲍尔默前半生的事业在微软公司发光，后半生的事业之光仍然没有黯淡。

人类生命的价值不是攀附高位，而是在合适的时间和地点，努力挖掘自身的潜能和智慧。很多时候，潮流发展的速度远远超过个人技能的提升，那么就该坦然从曾经辉煌的顶峰退下来，然后再次选择一个正确的发展目标，在崭新的地方发光发热。无论何时，只要热爱，只要努力追寻，总有一处是适合自己的，总有一种事业值得用生命去探索。尽管每个人都渴望占据高位，但当自己放弃不合适的位置，将机会让给更合适的人，蓦然回首，便会看到，原来人生中还有很多风景让人陶醉。

# Part 4

# 理财之道：计算你的钱，算计他的钱

财富就像种树养花，必须勤于耕耘，耐心等待，认真呵护，才有可能累积出可观的成果。犹太人认为，正确的理财之道，先要从管好自己的钱出发，做好资产计算与保护，财富才有机会生根发芽。

理财与投资是一对“双生子”，前者是一门积累财富的学问，后者是一个快速致富的方法。善于理财的人必然精于算计，世上发财的机会很多，但是令投资者粉身碎骨的陷阱也不少。因此，理财需认真，投资需谨慎。理财之道就像一道阳光，财富如同人的影子，只要朝着阳光奔走，才能掌控财富的方向。

# 让钱一刻不闲地滚动起来
## ——报界君王普利策的生财观

在犹太人的观念中，金钱不能当作古董一样收藏，闲置的钱财会让人养成懒惰的习惯并且丧失冒险奋斗的精神。对待金钱如同对待羊群一样，应该不断地、良性地使之繁殖增加数量。因此在犹太人眼中，一个人是否拥有经商的智慧，关键看他能否把金钱有效地滚动起来，能否用有限的资金将利益最大化。

世界著名报业商人普利策，就是一个把金钱滚动起来而获得巨大成功的人。作为犹太人的后裔，他深知只有不闲置的金钱才能创造出真正的财富。

**不再流离失所地生活**

1847 年，约瑟夫·普利策出生在匈牙利的一个小康之家，父亲菲利普是匈籍犹太人，母亲路易斯·伯杰是日耳曼人。1853 年，全家迁往布达佩斯，在那里普利策受到了良好的家庭和学校教育。普利策少年时期父亲去世，后与继父关系恶劣造成他叛逆的性格，17 岁时他打算离家出走参军，但因为视力不好、身体羸弱遭到军队拒绝，后来美国南北战争招募士兵，普利策才得偿所愿。1865 年，南北战争结束，纽约城里挤满了找不到工作的退伍军人，年仅 18 岁的普利策就是其中一员。

普利策会讲匈牙利语、德语和法语，但英语却不怎么好，这便成了他在纽约寻找工作的最大障碍。无事可干的普利策时常在纽约街头游荡，最后，他决定到德国人聚集的城市圣路易斯去，在那里也许能找到工作。圣路易斯城在当时的普利策心目中是希望之乡。1868 年是普利策命运重要转折的一年，他在圣路易斯图书馆结识了一位资本家——德文报纸《西方邮报》的老板卡尔，很欣赏普利策的聪明与勇敢，决定聘用他为该报的记者。

有着犹太血统的普利策继承了犹太人的精神特点，他崇尚知识与物质相结合，渴望用智慧创造财富。他在报社努力学习一切知识，认真工作，很快就发挥出超群的能力，在此期间，他对财富的积累也有了独特的看法。他意识到了财富对人生的重要性，在一个动荡的时代，财富是保证稳定生活的重要基础。普利策说："我是一个无名小卒，不走运的人，几乎是流浪汉，被选中担任这项工作，从此不再流离失所。"进入新闻界工作之后，他的生活状况大大好转，不再饥一顿饱一顿，不再苟且存活。他渴望赚钱，他要开始新的生活，他要抓住行业里的一切机会，让钱一刻不闲地滚动起来。

**普利策的报人生涯**

自从普利策加入《西方邮报》，他开始每天不知疲倦地工作着，似乎在他世界里没有时间，没有空闲，没有一切娱乐。他是靠挥动笔杆子生活的人，但似乎又是一个与生俱来的政治家，他对政治问题有敏锐的感触，对现实的黑暗有自己独特的见解，《西方邮报》成为了他揭露社会黑暗的战场，他让自己手中的笔成为最犀利、最有效的武器。

普利策在《西方邮报》中批判社会剥削的罪恶，揭露社会中种种的不公平。因此，他成为许多大富豪恨之入骨的人。但是，他的文章却受到普通大众的喜爱和支持。

1869 年，《圣路易斯电讯报》宣告破产，其产业被拍卖，这份报刊创办于 1864 年，前后换了几任老板，但始终连年亏本。普利策以 2500 美元的价格购得《电讯报》，这一年他 31 岁，至此他终于有了属于自己的报纸。在把《电讯报》抓在手中的同时，他对当地报业市场做了细致的调查，发现当地另一家竞争对手《邮报》也处于困难之中。普利策多次与《邮报》的老板进行商议，最后以对等的条件，实现了《电讯报》和《邮报》的合并，改为晚刊《邮讯报》。一年之后，普利策以雄厚的资本购买了原《邮报》老板的股份，成为《邮讯报》的独资者。

雄心勃勃的普利策为打开合并后的局面，首先打出了“超党派”的“独立”思想观点旗帜。他在《邮讯报》创刊时宣布：“《邮讯报》不是为政党服务，而是为广大民众服务；不是党派的传声筒，而是真理的喉舌；不支持‘行政当局’，而对它进行批评；反对所有的欺诈和骗局，不管它们发生于何处，属于何种性质；提倡原则与理想，抨击偏见与党派性。”创刊宣言发表之后，引起社会和政治界一片哗然，而普利策也以其超脱于政党的独立精神获得极高的名望，给新闻界的发展带来了新前途和新方向。

在办报的具体实践方面，普利策的《邮讯报》一开始就进行各种“社会运动”，致力于“医治各种弊端”，诸如无赖政客、有钱的偷税者、受警察保护的赌博集团和营私舞弊的公用事业等，这些群体都成为报刊抨击的主要对象。一方面，普利策这些做法实现了他多年来渴望改革不平等社会现状的夙愿；另一方面，也无形中扩大了报纸的销量，使他获得更大的利润。正因为如此，普利策从办报的经验中发现了巨大的商机，精彩的新闻报道如同印钞机一般，会让金钱一刻不闲地滚动起来。他的报纸开拓出更多版面，除了政治类、新闻类文章之外，他也用娱乐性内容吸引读者，采用“煽情主义”的新闻报道手段招徕顾客。

此后，当地的几家报刊因竞争力不足而纷纷倒台，最后，连《邮讯报》

最大的竞争对手《明星报》也倒闭了，《邮讯报》有一段时间成为圣路易斯城唯一的英文晚报。《邮讯报》创刊一年之后，其发行量达到4984份，同时广告的收入也相当可观，于是普利策把版面扩大了一倍，从四版改成八版。

普利策浑身都充满了犹太人做事的执着劲头，他精力充沛，工作热情，每天深入编辑室与基层雇员一起工作，充分发挥了员工们的能力和特长。与当时的资本家办报人不同的是，普利策为人慷慨，他认为报纸的所有成功都是雇员们共同努力的结果，因此随着利润的增多，雇员的薪水也大幅度提高，并设立了非常诱人的奖励制度，这些措施激发了雇员的干劲，《邮讯报》也吸引了越来越多的读者。

报纸创刊两年多，发行量上升到1.2万份，随后不久又猛增到2.23万份，到1881年盈利达到8.5万美元，这在当时新闻报业是非常丰厚的利润。《邮讯报》的声望日益提高，足以与当地有影响的《密苏里共和党人报》和《环球民主党人报》等报刊相抗衡，这些报刊不但实力雄厚，而且有很深的政治背景后台。但普利策仍然有信心超越它们。1880年，普利策将《邮讯报》与《晚邮报》合并为《圣路易斯快邮报》，很快便成为获利最优厚的晚报，普利策把它做成真正意义上的富有“普利策个性”的报纸。

普利策在自己的报纸中致力于指出社会各种弊端，宣扬各种社会运动，提出口号：“在重大事情没有彻底弄清楚之前，绝不放过它，连续报道！连续报道！直到问题真相大白的时候。”社会政治性的新闻一般都由政党报纸把持，但这些报纸墨守成规，完全没有新意。普利策用非正统的晚报跟这些日报争夺发行量，一改常规的新闻手段，采用大量的煽情主义的新闻，针对新闻的时效性和现实性，争夺普通大众的读者群。

事实证明，他的方法十分有效。在四年的时间内，《圣路易斯快邮报》

的发行量激增到原来的 10 倍，年利润达到 45 万美元。普利策此时已经是著名的报业资本家，无需再扩大经营范围，但他却认为金钱一刻也不能闲着，要把静止的金钱滚动起来，才会获得更丰厚的利润。想要在新闻界争夺更大的市场，他的报纸容量和知名度显然不够。于是，他在 1883 年买下纽约《世界报》，然后将《世界报》进行改头换面。

他的本钱投入到《世界报》中，很快滚动起来，给他带来更惊人的财富。《世界报》将读者定位在大众阶层，因此售价极其低廉，而且内容丰富多样，符合大众的口味。同时《世界报》宣扬民主，保持个性和思想独立，绝不依附贵权和政党，揭露一切不公平的行为。这些调整和改革措施使得《世界报》成为当时的一股热潮，发行量达到历史最高峰。

**把钱滚动起来，会带来惊人的财富**

开拓创新，以知识创造财富，金钱若不能有效地滚动起来，就是无用的死钱。这是普利策的金钱观和生财观，他善于把金钱滚动起来，用活钱去创造最大的利润。因此普利策跟很多资本家不同，他不愿意将金钱存在银行里生利息或者搞商业投机，他用滚动的金钱去做自己喜欢的事业，随着事业越做越大，金钱也越来越多。

1887 年，普利策又出版《世界报晚刊》，这份报纸更强调新闻的真实性、准确性，而且文字简洁通俗，非常重视社论以及与读者的互动，他的这些创新做法引领了新闻界的大变革，而他也被后世称为是 19 世纪后期兴起的“新新闻事业”创始人。到了 1893 年止，他的报社资产已达到 1000 万美元，《世界报》、《世界报晚报》及《星期日世界报》三份报纸一起为普利策带来了巨大的财富！

普利策曾自言：“我是一个严厉的批评家，一个爱挑毛病的人，我一心想改进报纸，甚至到了疯狂的地步，这是我唯一的想法，我的想法并非为了赚钱。”不可否认的是，这种生财观为他创造了巨大的财富。

普利策曾说道：“只有最崇高的理想，兢兢业业正当的行为，对于所涉及的问题具备正确知识，以及真诚的道德责任感，才能使得报刊不屈从商业利益，不寻求自私的目的，不反对公众的福利。”这些宗旨使他成为一个有理想、有道德的新闻工作者，而不是一个唯利是图的冷酷资本家。因此，他的生财观与众不同，他的目的是为了做好新闻事业，而不是为了赚大钱，而成功的事业给他带来了丰厚的财富。因此，财富不是他的人生目标，而仅是事业的战利品。他知道如何去利用自己手中的小雪球，帮助雪球滚动起来，让雪球滚动的速度越来越快，最后变成超级大的雪球。这就是报界君王普利策的生财观，把钱一刻不闲地滚动起来。

**犹太智慧羊皮卷：用知识创造财富，用头脑滚动金钱**

对于犹太人来说，世上最珍贵的东西不是钻石，而是智慧与知识。知识产生力量，同时也能创造财富。普利策作为一代报人，他独特的生财观不仅仅创造了大量的金钱财富，同时也为新闻事业留下了许多知识遗产和经验财富。《世界报》、《圣路易快邮报》等成为了世界著名的报刊杂志，同时他也为新闻报刊界开拓了大量的新闻创作知识，使众多其他报刊杂志受益匪浅。

1911 年普利策去世后，后人遵照他的遗嘱，在 1912 年捐赠 250 万美元给哥伦比亚大学，创建美国第二所新闻学院。1917 年设立普利策奖，每年颁给美国新闻界和文学界在小说、诗歌、传记、历史、戏剧、音乐、新闻采访报道有卓越贡献的人。如今，哥伦比亚大学新闻学院早已名声显赫，在学院大厅的大理石上刻着：“我们的共和国和它的报业共兴衰，能干无私的报业人员有权利，也有勇气做到这一点。若没有公共美德，民主政府便是一场骗局，一种嘲弄。如果报界寡廉鲜耻，唯利是图，蛊惑人心，贪污腐化，那势必使人民也变得像它一样卑劣！”

“普利策奖”在20世纪中期以后成为美国新闻界一项最高荣誉奖，现在，“普利策奖”已经成为全球性的一个新闻和文学奖项。普利策一生白手起家，从流浪汉到报界君王，凭借的是自己的智慧，让自己的知识获得无限光华，创造了一个足以令世人瞩目仰望的传奇！

# 强化你的止损意识
## ——投资鬼才巴鲁克的赚钱经

他是一位白手起家的百万富翁，一位颇具传奇色彩的股票交易商，一位大众瞩目的投资家，一位通晓商业风险的资本家，一位曾经征服了华尔街的最著名、最受人敬慕的人物。20世纪上半叶，这位犹太后裔是美国股市和政坛上叱咤风云的人物。他既钟情股市，又热衷政治，被人们冠以“总统顾问”、“公园长椅政治家”等美名，然而人们更愿意称他为“在股市大崩溃前抛出的人”。他一生性格多变，行为不定，个人观点如同波澜诡谲的股市，随时都会改变，故其名声总带有传奇色彩。他就是投资鬼才巴鲁克，犹太人中的传奇投资大师。

巴鲁克一生都注意投资机会，他的投资方法更是灵活多变，他的投资理念非常强调“止损”二字。投资者如果有止损意识，即使10次只做对三四次的话，也会成为大富翁。

**巴鲁克的投资传奇**

1870年，伯纳德·巴鲁克生于美国南卡罗来纳的坎登镇，他遗传了犹太人对经济的敏感和兴趣，1889年，他进入华尔街股票经纪行当学徒工，开始学习风险投资。初入这一行当的巴鲁克在小经纪行干打杂的活儿，周薪只有3美元，但是很快他就成为了一名出色的投资人，并被迅速提升为公司的合伙人，随后他投入自己所有的积蓄，购得纽约证券交易所的一个席位，不到30岁便成了百万富翁。此后的几年里，巴鲁克几度濒临破产却又东山再起，到了1910年，他40岁的时候，已经和摩根一道成为华尔街屈指可数的大亨。

华尔街上每一笔财富交易都充满了风云变幻的风险，即便是做出了正确的判断，也有可能赶上背运赔得一干二净。巴鲁克年轻时做伦敦和纽约市场之间的套利。由于当时战事频繁，利用战争间隙股票市场的波动来赚取利益，锻炼了巴鲁克的判断力和迅速反应能力，同时也显示出他极强的预见性和有勇有谋的一面。

1897年，华尔街美国炼糖公司的股票开始暴跌，陷入悲观情绪的人们开始疯狂地抛售股票。当时参议院正在讨论一项降低外国糖进口税的提案，众议院也正在进行类似的立法程序，参议院的一举一动时刻牵动着股市的涨跌。但巴鲁克坚信参议院通不过这项提案，他认为西方甜菜种植户们和华尔街一样希望通过关税保护来获得更大的利润。于是，他用300美元为定金，购入了3000美元股票。后来果然如巴鲁克所料，参议院否决了这项提案，美国炼糖公司的股票连续暴涨。他仅仅用300美元，就赚到了60000美元。

1898年，美军取得了美西战争的决定性胜利。巴鲁克立刻意识到，这一胜利意味着，战争即将结束，美国的金融市场将随之快速反弹，甚至有可能出现强劲势头。7月3日这天，巴鲁克在新泽西州度周末，而第二天7月4日是国庆日，纽约证券交易所按照惯例将停业一天，但是伦敦证券交易所正常营业。此时如果在伦敦低价购进股票，然后在纽约高价抛出，中间的差额利润将是可观的。但问题是，巴鲁克如何在第二天伦敦证券交易所敲钟开盘之前，赶到纽约的办公室。由于时差，伦敦证券交易所开盘时，纽约刚凌晨5点钟，那时候没有到纽约的火车，巴鲁克急中生智租了一列专车，连夜向纽约狂奔，最终在天亮时赶回办公室，向伦敦发出了大量吃进股票的电报。第二天，证券交易所的股票开始纷纷上涨，巴鲁克稳稳地赚了一大笔。这场投资再次让华尔街感到了震惊。

当时，在华尔街比拼的投资者，或是经济专家，或是风险投资家，或是场内交易人、投资银行家，几乎每个人都是某一领域的高手，而巴鲁克却能在短短的时间里将所有这些角色集于一身，成为投资的“多面手”。从1897之后的三年时间里，巴鲁克的个人资产上升到了100万美元，从一文不名的穷小子变成了令人羡慕的百万富翁。

正当巴鲁克在股票市场上呼风唤雨之际，第一次世界大战开始，1912年，他为威尔逊总统竞选提供了1.25万美元的经费。1914年，巴鲁克提供了350万美元用于救助美国棉农。这些财富的资助使他顺利跨入了美国政坛，并亲自开创了国家战时的管理体制。巴鲁克热衷从事公共事业，积极致力于提高美国军事和工业领域的战备状况。他向总统阐述了“商人使命”，此后他又多次担任美国总统的“智囊”，在第二次世界大战后美国的对外关系中发挥重要的作用，成为了美国政坛的一位风云人物。

**及时止损是一种人生胆魄**

犹太人最擅长运用智慧创造财富，而巴鲁克的投资哲学则显得更加具体而实际。股市投资有别于发展实业，它既不制造产品，也不销售产品，即便是最有经验的实业资本家，在股市里也有可能一夜破产。因此，巴鲁克的投资哲学特别强调“止损意识”，因为在股市当中，猛烈进攻的机会并不多，关键问题在于防守。

如果不能专注于防守，就很难成为真正成功的股市交易者。止损，顾名思义，就是控制损失。它是风险控制的一种关键方法。止损如同于“割肉”，当投资出现的亏损已经达到预定额度，就应该及时斩仓出局，把损失限定在较小的范围内，以避免形成更大的亏损。止损能帮助投资者化险为夷，使投资者不致于遭受致命伤害。

进入股市的投资者都是为了赚钱，但巴鲁克认为，如果一名投资者没有止损的预期和准备，他的结果必定是赔到破产。止损在表面看来是自残行为，但实际上是一种自我保护，为自己保留了东山再起的机会和实力。巴鲁克用“鳄鱼法则”强调止损的重要性：一只鳄鱼咬住了脚，如果用手去帮忙挣脱脚，鳄鱼便会同时咬住脚和手，挣扎越厉害，被咬住的部分就越多。所以，万一鳄鱼咬住你的脚，唯一的办法就是牺牲一只脚，不得有任何延误，不得存有任何侥幸。因为股市如同“鳄鱼吃人”，非常残酷无情，每天都有成千上万的人被股市套牢。

止损是一种有效的补救方法。在投资中，巴鲁克则奉行一个真理：任何人都不可能完全掌握所有行业的投资要领，所以最佳的投资方向是找到自己了解和熟悉的行业，然后把所有的精力都投入进去，不可三心二意。如果可以找到正确的投资方向，再以谨慎的止损意识作为补救方法，股市投资的成功率无疑会提高很多。

正因为股市存在投机性和投资技巧，因此对于盲目购买股票的民众来说，跟风是最大的投资障碍。巴鲁克投资哲学中提出了一个非常另类又十分重要的论点：“群众永远是错的。”当老人和小孩都开始谈论某一支股票时，就是投资者该脱手离场的时候。他尤其告诫人们不要试图买在底部、卖在顶部，他说：“谁要是说自己总能够抄底逃顶，那准是在撒谎。”巴鲁克这种独立独行的投资风格，使他获得了“独狼”的外号。在他看来，投资股市不仅需要智慧和机遇，更多是还需要理性和镇定，情绪不受涨与跌的影响。对于一名成熟的投资者来说，情绪永远都要稳定，因为无论情况多么糟糕，总会有翻盘的机会。

**犹太智慧羊皮卷：及时止损，保留实力**

巴鲁克在股票投资方面的智慧彰显了犹太人的精明，犹太人的生意经认为，选择决定方向，方向决定人生。正确选择投资方向，抓住投资机会，在残酷的股市当中保持果断、狠辣、镇定、理性的风格，投资生意便成功了一半。同时，任何一种生意都是存在风险的，股票投资如此，开创实业经营产品也是如此，除了生意场之外，各种人生大事都受到风险规则的威胁。那么在风险面前，要事先做好双重准备，一旦损失来临，在没有全军覆灭之前，及时转身离开泥潭。

人生是一场冒险的投资，投入的成本往往与收获不成正比。但巴鲁克的投资哲学使人们相信：不必在乎挫折、跌倒和失败，而是要关注如何在失败之后将损失降到最低。因为只有保留实力，才有希望重新站起来。因此，投资交易不仅是一次关于财富的博弈，也是对人生抗击力和修复力的一场考验。

# 善于借别人的力量办好自己的事
## ——萨奇兄弟的理财秘籍

犹太人说上帝是公平的，因为他在给你关上门的同时，又给你打开了一扇窗。但也有很多人说，上帝是不公平的，因为从出生开始，每个人的生活处境便不一样。但是不管怎么样，我们应该相信真理和规律是永恒的，而真理只有一个：机会是均等的。不懂得怎么去抓住机会，没有选择机会的胆识，不敢去创造机会，那么成功便无从说起。

纵观世界发展历史，犹太人在其中大放异彩。在众多犹太人奋斗历程中，有单打独斗一个人创造出来辉煌历史的，也有家族共同打拼出来成就的。而在这其中，有这么一对兄弟并肩作战，闯出属于他们自己的一片天地。他们从最初创业借来的 6 万美元开始，到最后成为全球第三大广告企业商，他们就是萨奇兄弟，他们的成功会让你知道一切皆有可能！

**目标决定成就**

萨奇兄弟即查尔斯·萨奇和莫里斯·萨奇兄弟，他们是萨奇广告公司的创始人。查尔斯·萨奇生于 1943 年，莫里斯·萨奇生于 1946 年，他们在英国伦敦郊区一个犹太纺织制造商的家庭中长大。兄弟俩自幼对广告很有兴趣，查尔斯中学时在一家广告公司当勤杂工，很快就发现自己具有撰写广告文学的天赋。于是他决定辍学，18 岁就进入广告行业，25 岁就创办了自己的广告咨询公司。

弟弟莫里斯进入著名的伦敦政治经济学院读书，毕业后在一家广告公司担任广告部主任。1970 年，兄弟二人经过一番筹划，在伦敦苏霍区的一家办公楼中，“萨奇兄弟广告公司”的招牌正式挂出来。当时查尔斯 27 岁，莫里斯 24 岁，他们勇敢地迈出了创业的第一步。他们没有显赫的出身和背景，两人对广告方面的专业知识的掌握也不够丰富，更重要的是两人从事广告业的经验尚浅。但兄弟俩凭着一腔热爱决定以广告作为终身事业，并树立了一个伟大目标：建立世界上最大的广告公司。

星期日的《泰晤士报》在一个很不起眼的板块上，刊登了这家小公司成立的消息，这在当时并没有引起多少人的注意。然而，仅仅几年之后，萨奇兄弟所刮起的广告旋风，却总是成为报纸头版的重要消息。尽管最开始创业的时候，他们公司的全部家当只有 6 万美元，而且还是兄弟俩费尽心力借来的钱，但是萨奇兄弟却立下了雄心壮志，他们要创办有史以来世界上最大的广告公司。

在当时的许多人看来，要实现这一目标简直是异想天开。因为当时的伦敦虽然号称世界三大广告中心之一，但是与世界的广告王国纽约相比，还相差甚远。纽约被称为是美国的心脏，广告公司各处林立，而英国广告业尚未拥有自己的大型集团，显得势单力薄，因而许多投资者并不愿将资金注入这一行业，这就在很大程度上限制了广告业的加速发展。

萨奇兄弟就是在这样的环境中开创自己的事业，从公司成立的第一天起，他们就为自己的企业制定了开拓业务的宗旨，这就是在保证质量的前提下，紧紧盯住“需要独特”这四个字。所谓的需要，就是指要满足客户多样化的需求，而独特，则是要敢于与众不同，不怕标新立异，要在广告制作的创意上能人所不能。

很快，他们用借来的6万块钱将广告公司开了起来，并且在短短的两年时间内，便取得了惊人的业绩。在萨奇兄弟看来，财富的原始积累不必在乎本钱是不是借来的，用别人的钱做自己的事，完成自己的梦想，这不失为一个聪明的选择。

**标新立异打天下**

萨奇兄弟广告公司成立不久，他们就推出了一则超越常规的绝妙广告作品。广告的画面上是一个挺着大肚子的“怀孕”的男人，旁边有一行文字，上面写着：“假如怀孕的是你，你是否会更加小心一些呢?”这则广告是为英国健康教育委员会制作的，其目的是在社会上掀起反对早孕和未婚先孕的运动。这个广告并没有用文字表述核心思想，也没有说教和严辞指责，但它的新鲜有趣和别出心裁，取得了良好的广告效果，使广告业的同行大为赞叹。萨奇兄弟因此一炮打响，在广告业中初步确立了公司的地位。

萨奇兄弟能够迅速成为世界广告业的巨头，不仅依靠独具匠心的广告作品，而且兄弟两人拥有强大的信心。他们的价值观和人生信条是：世上无事不可为。这使他们能不懈追求更好的创意和更大的成就。除此之外，作为犹太人，萨奇兄弟具有超凡的胆识和理财天赋，他们善于利用时机，通过兼并、联合等形式，迅速扩大自身的实力。

萨奇兄弟集团的发展历程是一部不断兼并其他企业的记录史。他们不像其他企业那样，利用扩张业务积累财富。萨奇兄弟认为那样的发展方式速度过慢，想在短时间内成为行业巨头，必须要利用别人的钱做自己的事。

1976 年，在公司成立四年之后，他们一举买下康普顿广告公司英国分公司的绝大部分股份，而他们只投入了一部分预付款，其余的收购资金全部由银行贷款和公司利润来承担。这家公司的规模本来是萨奇兄弟公司的两倍，这一收购事件轰动了英国广告界。在世界广告业中，萨奇兄弟可以说是大名鼎鼎的两匹黑马，人们领略到萨奇兄弟超凡的胆识，也看着他们如何用别人的钱做自己的事。

同年，他们帮助撒切尔夫人策划了一则竞选广告。在广告中，排成长龙的下层失业人员焦急地等待着就业机会，撒切尔夫人所代表的保守党借助这一点，攻击竞争对手工党为上层资本家服务，而保守党则成功获得了劳动者的支持，因此撒切尔夫人竞选大获全胜，英国开始了保守党长达 18 年的执政时代。萨奇兄弟的这一则广告改变了英国政局，将撒切尔夫人推上了首相的宝座，因此广告公司的股票价格扶摇直上。兄弟俩趁热打铁，借助这一事件获得银行的支持，并成功收购了加洛特控股公司。此举让萨奇兄弟公司在伦敦站稳了脚跟，成为英国最大的广告公司。

**“借鸡生蛋”，做大自己的事业**

到了 1979 年，成立不满十年的萨奇兄弟公司，已经成为英国最大的广告集团。这一飞速的扩张进程，令许多广告业的行家瞠目结舌，因为在他们的记忆中， 没有任何一家企业能在这么短的时间内取得如此不凡的业绩。

在迅速扩张的同时，萨奇兄弟公司也坚持做好自己的业务，因为扩张吞并的能力再强，如果没有强大的业务实力做基础，一切都只是空架子而已。他们的广告创意层出不穷，公司的广告哲学就是：创意可以改变世界。公司制定了发展策略，认为创意不仅要面对客户，同时也要面对市场，因为市场决定着广告的表现。针对当时广告界流行的艺术化倾向，萨奇兄弟说：“广告是一种特殊的推销术，而艺术只是广告的一种技术。”他们清楚地意识到广告本身并不等同于艺术，广告的终极目的是为了推销自己的产品，因此应该让人印象深刻，而且易于理解，不能过于晦涩难懂。

1982 年，萨奇兄弟将纽约康普信息公司收归己有，取得了这家公司在世界 30 多个国家的经营权，不仅首次打进了美国广告市场，而且为在全球扩张自己的事业打下了基础。到了 1985 年，萨奇兄弟公司和广告代理量已经达到 30 亿美元，是当初创业时的 2000 倍。没有人能够想到，兄弟俩在 15 年之内，将借来的 6 万元变成了 30 亿元。

在创业和理财方面，萨奇兄弟始终使用它们的高招：“借鸡生蛋”——用别人的钱办自己的事。每当他们买进一家公司，萨奇兄弟只需先付一笔订金，其余的资金全部分期付款，并与所购买的公司进行利润挂钩。由于萨奇兄弟眼光准确，他们又都是精明的理财专家，选中兼并的都是营业状况良好，收益丰厚的企业，因此买进后能够迅速为集团带来丰厚的利润收益。等到集团的实力增强了，影响增大了，各家银行就会争着为他们贷款，筹集资金就更易如反掌。就这样，萨奇兄弟像滚雪球一样，使自己的事业和财富越滚越大，利用“借鸡生蛋”，迅速成为世界广告业的巨头。

**犹太智慧羊皮卷：善于借别人的力量办好自己的事，让你事半功倍**

在犹太人看来，智慧与财富应该是相辅相成的。在通往成功的道路上，真正有智慧的人才会懂得金钱的价值。萨奇兄弟能够取得如此巨大的成功，就在于他们善于借助别人的力量，用别人的钱办自己的事情。利用别人的财富为自己打造基础，具备这种能力和信心，必定会打开通往成功的大门。

借力的关键在于自己拥有坚定的目标，用别人的钱办自己的事，首先要知道“自己的事”是什么，不弄清楚“自己的事”，不管再怎样借力，不管机遇有多少，都很难有所成就。借力是一门超凡的学问，对于白手起家的创业者来说尤为重要。并不是每一位创业者都有雄厚的经济实力和背景。因此，只要怀揣伟大的梦想，朝着既定目标前行，借用别人的桥梁，就能事半功倍地搭建自己的成功之路。

# 稳赚富人手里的钱

## ——斯特劳斯兄弟的高额定价法

充满智慧的犹太人拥有独特的赚钱思维，他们认为，只要尽量满足顾客的需求，就可以赚到大钱。而为了避免跟同行之间进行薄利多销的竞争，犹太商人更倾向赚富人的钱。富人手中聚敛了大量财富，他们愿意花钱享受奢侈舒适的生活，因此全球富人的消费市场极其庞大。如何向全世界富人的口袋发起进攻，犹太商人们为此研究过许多行之有效的策略。

斯特劳斯兄弟就是专门赚富人钱的犹太商人，他们将梅西百货发展为美国最有名的奢侈品百货，满足了无数有钱人的购物需求。

### 学习像有钱人一样思维

19 世纪 40 年代，伊西·斯特劳斯和内森·斯特劳斯兄弟出生于德国的一个犹太人家庭。他们自幼家境贫寒，上小学的时候，家人为了寻找更多的谋生和发展机会，经历千辛万苦移居到美国，全家人在美国南方落户。但贫困的生活并没有好转，兄弟俩在美国仅仅读了初中，就因为家庭生活困难，不得不辍学到社会上找工作贴补家用。伊西·斯特劳斯在富人生活区干一些打杂工作，内森·斯特劳斯则孤身一人从南方来到纽约，在一家商店里找到工作，成了一名丝毫没有地位的童工。

斯特劳斯兄弟从小时候起，内心就渴望成为有钱的富翁，他们都想通过奋斗改变人生。两人虽然读书不多，但自幼深受犹太传统教育的影响，如果一个人想成为有钱人，就必须先学习有钱人的思维。因此他们白天勤奋工作，一有机会就观察那些有钱顾客的行为举止，通过跟富人接触，了解他们的内心需求。晚上就自修各种文化知识，学习富人的生活方式和思维习惯。他们坚信通过自己的努力，总有一天会成为富人中的一员。

兄弟两人都是富有决心和恒心的强者，内森·斯特劳斯从14岁起就在商店里当童工，他不怕工作辛苦，也不怕地位低下，渐渐从杂工转为记帐员、售货员等职位。经过20多年的不懈努力，老板非常赏识他的精明和才能，让他担任售货部经理。而伊西·斯特劳斯也早已来到纽约发展，专门针对富人的需求经营高档商品，兄弟俩决定在百货行业方面开拓个人事业。

内森·斯特劳斯在百货工作了20多年，熟悉各部门的业务，对百货零售的流程和市场发展了如指掌。他手中还掌握了各类供货商的人脉资源，凭借这些条件和能力足以管理经营一家大型百货。伊西·斯特劳斯则是更了解富人的心理和需求，认为薄利竞争如同在脖子上套绞索，如果商人都争相降价获取薄利，那么厂商就难以维持成本，商品质量会越来越低，根本无法满足消费者对品质的需求。他认为应该按照富人的思维去考虑问题，有钱人不在乎花钱多少，他们只在乎品质和享受的乐趣。于是，伊西·斯特劳斯决定开创一家奢侈品百货。

1893年，雄心勃勃的兄弟两人用一大笔资金收购了梅西百货公司，并决心发展成美国乃至全球一流的百货公司。梅西百货在当时虽然已经小有名气，但跟其他百货公司的经营方式区别不大，商品样式和类型也大同小异。斯特劳斯兄弟收购梅西百货之后立刻着手对其进行改革，他们决心打造奢侈百货模式，从全球的富人手里赚钱。

### 高额定价法：品牌决定价格

梅西百货公司主要经营服装、鞋帽和家庭日用百货，在 19 世纪末 20 世纪初，美国经济日益发达，形成了庞大的买方市场。市场上的百货类商品丰富多样，往往供过于求，各商家相互竞争十分激烈。为了能将自己的产品脱手，百货商家想尽办法降价甩卖货品，经常以成本价出售，甚至是赔本清仓。这样一来，顾客有很多选购余地，反倒不急于花钱购买，因为大家都担心商品会再次降价。

斯特劳斯兄弟认为无原则的降价营销是一种恶性竞争，最终一定会导致整个百货行业衰落。于是，他们反其道而行之，当别的百货大搞降价促销，梅西百货却制定出高额定价法，将买方市场成功地转变为卖方市场。所谓卖方市场，就是商品货物稀少，供不应求，商家不愁销路。梅西百货通过广告和售货员的宣传，树立了百货商品质量一流的形象，将经营的各种产品都打上梅西(Macy's) 的商标。如顾客不满意，随时可以退款或换货。

梅西百货公司的商品价格比其他百货公司高出很多，当售货员看到标价时，都非常吃惊："这么昂贵的价格，会有人买吗？"这时斯特劳斯兄弟总会告诉他们："你们去说服消费者吧，让他们相信梅西百货的商品是最好的。"梅西百货销售世界最新款式的服装和日用品，主要顾客是追求时尚和品质的有钱人，他们购买商品的心理不仅是要求高质量和高档次，还要追赶时髦、独一无二、讲究派头，让虚荣心达到最大满足。

梅西百货针对有钱人的思维特点，将百货商品定位为昂贵的消费品，甚至是限量版的奢侈品，有些服装的价格高到离谱。但尽管如此，有钱的顾客仍然蜂拥而至，踊跃购买，他们认为如果定价太低就一定是次品和地摊货，穿在身上有失体面。而价格高就意味着品质高，能彰显其身份和地位。这些富裕阶层的顾客崇尚攀比财富，不会斤斤计较商品价格，而中等收入者也总想挤进富人阶层，往往出于面子和虚荣心，也时常在梅西百货购买昂贵的时髦商品。那些收入较低的下层百姓虽然消费不起奢侈品，但崇尚富有的心态也驱使他们想尽办法购买。正是这样的连锁心理反应，使得梅西百货的时髦昂贵商品成为全社会的流行物品，如果一个人从没买过“Macy’s”商品，那就意味着被流行时代淘汰了，如果到纽约不去梅西百货购物，就等于根本没去过纽约。

**一流的销售活动和品牌文化**

品牌化之后的梅西百货公司不但出售品质优良的商品，而且售货服务一流。所有的售货员都经过专门培训，可以为顾客讲解商品的背景资料、外观、成分、制造过程、使用方法、保护方法、价格、产品公司历史等。百货公司还推出各种满足消费者需求的活动，比如“有奖竞猜法”、“赠品积分法”、“新产品现场展示”、“经典产品陈列”、“现场时装表演”等促销办法，通过这些手段有力地促进各种商品的销售。

同时，梅西百货公司还创造了独一无二的品牌文化。自1924年起，每逢感恩节来临，梅西百货都要举办大型的感恩节游行，成为公司回馈社会的一个范例。早期梅西百货的很多员工都是来自欧洲的第一代移民，想要表达对给予他们新生活的国家的感激之情。于是梅西百货自发创意，以欧洲的文化方式庆祝美国的感恩节。每年的庆祝游行不仅成为感恩的方式，也达到扩大梅西百货品牌声誉的宣传目的。

在梅西百货公司的发展过程中，美国经历了经济大萧条、世界大战等许多剧烈变动，都未能阻碍感恩节游行的举办。这一游行活动逐渐演变成美国主流社会的庆祝活动，直到今天，梅西感恩节大游行也仍然是美国重要的传统活动，其影响和意义甚至不亚于圣诞节。感恩节游行庆典活动为梅西百货塑造了一流的品牌文化形象，而感恩节是典型的基督教文化，其中包含着爱与感恩，这也与犹太人的文化传统息息相关。当时美国上流社会的成员多有基督教和犹太教背景，而感恩节活动让这些富人从心理和感情上都认同梅西百货。梅西百货正是抓住这样的机遇，到了1925年，已经成为全球最大的连锁零售百货商店。

斯特劳斯兄弟俩在20世纪初都成为美国著名的大富翁，内森·斯特劳斯以管理业绩闻名于世，获得全球百货界人士的钦佩与膜拜。而伊西·斯特劳斯则以另一种悲壮的方式名垂青史，并赢得全球富人的赞誉，被称为“真正的绅士”。

1912年，泰坦尼克号首航沉没，当时“世界第二富翁”伊西·斯特劳斯和妻子就在船上，伊西不仅是世界顶级富翁，而且是美国众议院的议员，还是船长史密斯的好友。当时有人让他上救生艇，他却说：“我绝不会在女人和孩子之前上救生艇。”他将妻子送上救生艇，但妻子改变主意说：“这么多年我们一直生活在一起，你现在去的地方，我也要去。”最后夫妻俩留在船上，把救生艇的位置让给了女仆。这一对富翁夫妇手挽手坐在藤椅上，坦然面对死亡。如今在纽约市，还矗立着人们为伊西·斯特劳斯夫妇修建的纪念碑，上面刻着这样的文字：“无论多少海水，都不会淹没爱。”

伊西·斯特拉斯夫妇殉难的事情，使得梅西百货的形象在美国人心目中屹立不倒。在大家看来，梅西百货的经营者对社会和他人充满爱、仁慈和责任感，伊西·斯特劳斯是一位伟大人物，可以为了服务他人而付出宝贵的生命，那么他经营的梅西百货必定值得信赖，并且无愧为全世界最一流的百货公司。

**犹太智慧羊皮卷：从富人手里赚大钱**

如今的梅西百货是世界五百强企业之一。在网络销售日益流行，传统百货面临生存危机的今天，梅西百货公司仍然以强大的品牌文化和优质服务稳居世界连锁零售百货第一的位置。斯特拉斯兄弟的成功秘诀就在于经营奢侈商品，从富人手中赚大钱，通过熟悉富人的思维模式和心理状态，极力满足他们的需求，从而带动商品的流行趋势。

犹太人认为，商品可以薄利多销，也可以厚利适销。富人喜欢与众不同的名牌产品，而这些名牌需要用高昂的价格来培养。在营销中采取高额定价法，不仅能巩固名牌的高贵无上的地位，满足顾客的心理需求，还能让经营者赚取高额利润。犹太商人多倾向经营高价的商品，进入奢侈品行业，与富人打交道，如高档服装、珠宝、钻石、豪华汽车等。美国和欧洲的高档成衣女装70%以上被由犹太人经营垄断，而美国华尔街的金融证券大亨绝大多数也都是犹太人。

富人购买奢侈品代表着一种令人羡慕的生活品质和态度，也是身份和地位的象征，他们引领的时尚潮流和生活状态，令各阶层人士都趋之若鹜。因此，从富人手里赚大钱是一门经销艺术，不仅能赚到富人的钱，也有可能赚到所有人的钱。

# 换个角度或许就能中靶
## ——船王洛维格的贷款运作

贝尔曾说："有时需要离开常走的大道，潜入森林，你就会发现前所未见的东西。"而通过成功的道路也不是唯一的，无法前进的时候，换个角度潜入森林，或许就能"柳暗花明又一村"。犹太人也常常这样教育自己的孩子："不同的思维都有其不同看待事物的角度和方式。"奇迹不难发生，身边的事物只要换一个角度去思考、去观察，或许就是通向成功的下一个阶梯。

美国有一位犹太人船王，他的财富与声名显赫全球。他拥有六艘世界上最大吨位的油轮，他的船队大小船只加起来约有500万吨位。除了航运业，他还经营着旅馆饭店业、房地产投资业，以及自然资源开发业等等。他的名字叫丹尼尔·洛维格，被认为是真正意义上的世界级船王，他的成功实例向人们展示了这样一个道理：思维，只是一道限制你的墙，突破这道由人海组成的惯性思维之墙，站在高墙之上，用不同于大众的角度，才能看到一个全新的世界。

### 思维的转变就是命运的转变

丹尼尔·洛维格，1897年出生于美国密歇根州犹太人家庭。早年，因父母离婚，他随父亲来到德克萨斯的阿瑟港，开始了他的航运生活。阿瑟港是个美丽而又繁华的港口，每天都有船只出入。听着轮船的鸣笛声，洛维格也梦想着有一艘属于自己的船。也许是因为与船天天接触，洛维格对船十分着迷，高中还没毕业，他就放弃了学业，到码头工作。最开始的时候，他给一些船工当帮手，做些拆装轮船引擎的工作。洛维格聪明好学，对维修轮船很有兴趣，因此大多工作很快就能上手。而且因为他性格有些内向，平时很少与别人谈话，休息的时候经常会躲在一旁拆装引擎，慢慢钻研修船。许多老船工看他这样努力，便把自己的手艺都传授给了他，很快洛维格就成为了一名熟练的轮船引擎修理工。

随着洛维格的名气越做越大，许多人都来找他修理轮船，后来他就在公司里专门负责修理轮船的工作。可是活揽得越来越多，根本忙不过来，洛维格就自己开了一家修理店，雇用修理工人。然而洛维格并不满足这样辛苦地赚钱，于是开始思考如何赚更多的钱，可年轻的洛维格并没有太多的积蓄，他家里也并不富裕，所以他开始四处寻找资本。

有一天，他想起幼年时发生的一件事情，顿时茅塞顿开，深受启发。小时候，他向父亲借了 50 美元，把别人遗弃的帆船进行重新修理加工，打造出一条新船，然后转手卖出去，从中净赚了 50 美元。所以洛维格打算用这个办法，先向银行求得贷款，赚钱之后再还给银行。可因为当时的洛维格没有足够的信誉，很多银行家都拒绝了他的请求，使他很多天的忙碌都变成了泡影。就在山穷水尽的时候，他想出了一个好主意，他有一条尚能航行的老游轮，他花费了很多时间把它重新改装，修理了一番，包装之后以低廉的价格包租给大石油公司。

洛维格和大石油公司的合作非常愉快，大石油公司也愿意以公司的名誉为洛维格作担保，使洛维格成功地取得了大通银行的信任。洛维格顺利地从银行拿到贷款后，随即就买了一艘新货轮，进行改造后又包租给石油公司，获取租金的同时，用这些租金偿还贷款，同时又再次向银行贷更多的钱。一直循环往复地这样做，直到银行的贷款全部还清，游轮也完全属于他自己，还完贷款后，此后的租金便源源不断地流入了洛维格的私人账户。

在这笔生意中，洛维格遇到的艰难困苦远远超过想象，因为他家境不好，文化水平不高，而且也没有强有力的背景支持，只能依靠自己和努力钻研学得修船的技术。但是他与其他修船工有很多不同之处，别人都满足于用技术养家糊口，而他自己却想要拥有一条船，想自己开一家船务公司。目标与方向决定人生的未来，洛维格曾经在创业上困难重重，但他非常擅长换个角度来解决问题，使他的事业一步步走向成功。

**转向道路造就成功**

第二次世界大战爆发时，洛维格 40 岁，当时他已拥有规模不小的船厂和码头。随着太平洋战争的加剧，政府开始需要大量的船只，于是找到了洛维格，希望他能为政府造船。因为这一次机会，使他从一名普通的经营船厂的商人迅速转变身份，成为与国家政治和军备息息相关的人物。当时拥有船厂的资本家数量不少，但只有洛维格精通船只组装和维修，可以亲自动手制造、改装、修理每一条船。这种技术优势获得了政府的认可，于是他在政府的全力支持之卜，为第二次世界大战制造了大量的船只。

犹太人认真敬业的特质在这一重要时刻彰显出来，洛维格当时已经获得了大笔的订单预付款，即便船只的质量略有问题，也不会影响他的收益。况且这些船是为战争时期的海上运输特别制造的，对坚固度和美观度的要求不高。很多人认为洛维格根本无需亲自监督造船的事务，只要坐在办公室收钱就行了。但他却不这样认为，他深知这次为政府造船是他人生中难得的机遇，应该把每一件事都做得尽善尽美，他希望能借助此事帮他的船厂打开知名度。

果然，洛维格船厂造出来的船只质量和外观都超越其他船厂，政府对他的表现非常满意，将更多与航运有关的业务都委托给了他。这些生意不仅给洛维格带来了巨大财富，而且让他的名望和地位直线上升。然而，战争结束之后，大量船只闲置，造成洛维格船厂生意受阻。大多数航运业的资本家都在苦苦支撑，想办法扭亏为盈，但仍然无法阻止船业衰败的大趋势。

洛维格此时也在思考船厂发展的问题，他将目光投向了日本。50年代的日本正在积极恢复经济，而且急需引进外资，日本人开发了吴港造船，但又不敢惊动美国政府，怕美国把吴港作为美国军事造船基地。精明的洛维格看到了商机，他十分了解日本政府的顾虑，于是以私人的身份来到日本，随行带去了大量的现金和贷款协议合同。他很快跟日本签订了一系列的造船协议，日本向他提供了廉价的劳工和平价的钢铁，以此作为额外的回报。

洛维格在日本租下了码头，不仅租金十分低廉，而且还享受日本政府的免税免赋政策。吴港的发展给洛维格的产业注入了新的活力，他所造的船吨位越来越大，船队也越来越庞大，直至在世界各地的海域里，都能看见洛维格制造的船只。紧接着，他又把目光投向了利比亚和巴拿马，在那些地方，洛维格的公司同样享受着赋税减免的待遇。

洛维格的事业发展并不是一番坦途。随着现代化进程加速，其他交通运输工具发展迅速，船运业再次遭遇危机，制造货船成本较高，而且也不容易出售，当越来越多的船运业资本家放弃这个行业的时候，洛维格仍然在执着地寻找新的出路。

对于洛维格来说，船业不仅是一个赚钱谋生的行业，也是他从小到大一直没有改变的梦想，他从骨子里喜欢船，喜欢看一艘艘巨大的船只扬帆出海。所以他不会放弃船业，但是当产业发展受阻时，他选择了换个角度前行，从造船业的边缘领域出发，发展钢铁、煤矿等自然资源开发利用等产业，这些实业都可以辅助造船业，降低造船的成本，获取更多的利润。

很快，他在澳大利亚、墨西哥等地设立了钢铁公司和煤矿公司，又在巴拿马等地设立了石油化学炼油厂。除了发展货船、商船业务，他还大力拓展客船游轮业务，并在各国港口城市兴建旅馆、饭店、商务大厦等，成为围绕着游轮业务发展起来的一条龙投资事业。除此以外，他又在各地开办了蓄款放贷公司，为新兴工业提供贷款业务，很快他的事业变得更加丰富多彩，涉及很多行业，但始终以船业为主体。

**犹太智慧羊皮卷：换个角度将梦想进行到底**

洛维格拥有犹太人的智慧与坚韧，当前行的道路坎坷，发展受阻的时候，他没有选择放弃，而是换个角度继续将梦想进行到底。换个角度也许就能“中靶”，这是犹太民族总结出来的又一智慧经验。

换个角度，意味着我们要改变既定的惯性和轨迹，换一种思路去解决问题，不仅需要有聪明智慧，还需要足够的勇气和耐力。“梦想的靶子”就是人生的目标，靶子远远地立在前方，所以成功的道路上要时刻调整角度，不管有什么险阻，都要以中靶为最终目的。洛维格人生中的靶子从来没有动摇过，但他不停地去调整角度，以化解一次又一次的危机，不但使自己的产业壮大，并发展到各个领域，还收获了丰富的经验财富与人生成就。

# 敢冒险而不蛮干
## ——哈默利比亚一掷千金

犹太人历来就有冒险的名声。事实上，无论是在东方还是在西方，在相当长的一段时间里，人们对“冒险”这个词汇饱含着负面的情绪。然而在许多名人的创业史上，冒险被赋予了新的意义，它被经济学家们冠以“风险管理”，而冒险家就自然而然成了“风险管理者”。

犹太人的谨慎明智与他们的冒险精神同样闻名于世，犹太人爱冒险、敢冒险，但他们是冒险而不蛮干，这也是犹太石油大王哈默一生的真实写照，他用自己的冒险精神和谨慎理智为世人提供了一个成功的范本。

**风险管理者的成功**

亚蒙·哈默被称为美国西方的石油大王，是无人不知的“红色资本家”，也是外交型的政治企业家。他被列宁亲切地称为“哈默同志”，被邓小平称赞为“勇敢的人”，他不仅是第一个在“十月革命”后与苏联合作的西方企业家，也是第一个敢于乘坐私人飞机访问中国的西方资本家。他的一生非常具有传奇色彩，似乎每一个奇迹般的成就都在冒险当中实现。

1919年，哈默在接管父亲的医药公司后，很快就成为一个年轻的富翁，而他当时还在大学读书，这显然是一次极为冒险的行为，很容易将事业和学业两头全都搞砸。然而，事实却相反，一方面他的个人净收入是美国平均收入的无数倍；另一方面他的考试成绩大部分都是 A，被评为毕业班里“最有前途的学生”。他早年的这种双重身份和双重成功，已经预示着哈默的人生必然要经历种种冒险经历。

1921 年，哈默取得了自己梦寐以求的医学学位，虽然他从未正式行医，但在很长一段时期内，人们都尊称他为“哈默医生”。年轻的哈默做出了一个令所有人都无比震惊的冒险行动，他卖掉了自己的制药公司，去苏联支持新生的红色政权。那时苏联与大多西方国家处于隔绝状态，所以在大多数人看来，哈默的冒险举措是十分愚蠢而不可理喻的，他无疑是在毁掉自己的前程。

但是这一次冒险经历几乎彻底改变了哈默的人生轨迹，他来到苏联之后，凭借自己的才能支持着尚未成熟的苏维埃政权，而苏联也投桃报李，将哈默培养成为一名亿万富翁。从苏联回美国之后，多年纵横于商业与政界的哈默在经济大萧条时代也能如鱼得水，他几乎在每一个经营领域中都大获成功。到了他 58 岁的时候，他名下累计的财富，多到自己也数不清，正当人们都猜测哈默准备从商界隐退安详晚年的时候，充满诱惑力的石油业又让他有了“人生始于六十”的新生活，并且一跃成为家喻户晓的石油巨擘。

**坚持自己的直觉和勇气**

哈默最大的一次成功是在利比亚。无论是哈默本人，还是西方石油公司的员工，一提起此事，都会为之惊叹。当时，利比亚的财政收入十分紧张，虽然政府认为当地很有可能富含石油资源，但在意大利占领利比亚期间，墨索里尼曾花了近 1000 万美元在这里寻找石油，结果却毫无收获。此后，埃索石油公司花费了几百万也没取得多少成效，壳牌石油公司大约花费 5000 万美元，但打出来的油井都没有商业价值。

很多石油公司认为利比亚的石油资源传说也许只是一个谎言，人们对于从此地采油并不看好。就在这个时候，哈默决定来一次冒险，他要带领自己的西方石油公司在利比亚开采出真正具有商业价值的石油。这一冒险行为在很多人看来，可能会是哈默人生中一次极为惨烈的败笔，但哈默的冒险并不意味着他是在进行毫无理智的蛮干。经过一番研究，他认为在利比亚开采石油虽然有失败的可能，但成功的可能性更大，于是他与利比亚政府开始了租借土地的谈判投标。

哈默与董事们在四块租借地上投了标，为了更有把握投标成功，哈默专门在标书上加了一条：为帮助利比亚的建设，他愿意从尚未扣税的毛利中拿出5%供利比亚政府发展农业。此外，他还承诺帮助利比亚在库夫拉附近的沙漠中寻找水源。一旦开采出水源，他将同利比亚政府联合兴建一座制氨厂。最后，哈默如愿以尝地获得了租借地。

哈默的冒险决定连竞争对手都觉得吃惊，大家竞标土地是为了兴建实业，而哈默竟然打算在荒芜的土地上开采石油，此前有很多石油公司都曾在这里耗费巨资，最后均一无所获而被迫放弃。果不其然，没过多久这些租借地便给哈默带来了巨大的麻烦，他们钻出的前三口井都是干孔，没有见到一滴油，此时股东和创业者之间发生了严重的意见分歧。仅打井费一项就花了近300万元，另外还有200万元用于地震探测等，这些钱似乎全都白白浪费了。于是，董事会里的许多人纷纷把矛头指向了哈默，说他干了一件蠢事，甚至连哈默的知己——石油公司的第二大股东里德也失去了信心。

但是哈默一直坚持自己的直觉和勇气，不顾股东们的强烈反对，不停地投入大量的资金，一鼓作气地继续打井。当股东们认为哈默疯了，并打算撤股时，第一口油井意外出油了，不久之后，另外八口油井也都出油了！事实证明哈默的判断是正确的，并且这些油井开采出来的是异乎寻常的高级原油，日产量达到十万桶以上。

这时人们才恍然发现，哈默的远见规划是多么的理性而完美，油田正位于苏伊士运河以西，十分便于运输，开采出来的石油能以最快的速度运到世界各地。与此同时，哈默在另一块租借地上，采用了最先进的探测法，钻出了利比亚最大的一口油井——自动喷油的珊瑚油藏井，日产 7 万桶以上。

接着，令众人目瞪口呆的事情又发生了，哈默再一次开始了他的冒险，他修建了一条日输油量 100 万桶的输油管道，工程预计耗资 1.5 亿元，而当时哈默的西方石油公司因开采石油投入了大量资金，所剩资产净值只有 4800 万元。哈默的疯狂冒险让股东们纷纷捶胸顿足，但输油管道建好之后，采油和运输成本大大降低，为公司带来更丰厚的利润。

此后，哈默又大胆地吞并了好几家大石油公司，每一次的冒险行动都让人胆战心惊。在很多人看来，哈默的年龄应该在家里安享晚年，但他却像年轻人一样勇于冒险，挑战自我，将事业的成功推向一个又一个高峰。当西方石油企业真正成为一个综合性的全球大企业时，人们才真正见识到哈默惊人的胆识和魄力，不愧为一个犹太冒险家，也是一个精明而充满智慧的风险管理者。

**犹太智慧羊皮卷：冒险背后的谨慎**

创业之路充满未知的坎坷和磨难，需要巨大的勇气和魄力。哈默的成功让很多人惊叹他的冒险精神，同时也感慨他的好运气。事实上，哈默的冒险背后是多番谨慎的研究和考察。在哈默转战利比亚一掷千金之前，他聘请了全世界最优秀的地质勘探学家，经过反复的研究和论证，最后得出结论，利比亚的地下确实富含石油。

因此，哈默的勇气和信心背后是大量实地考察的科学研究数据，他的行为看似疯狂，但实际上他的每一个决定都不是想当然的蛮干。冒险中充满智慧和知识的力量，疯狂行动由经验和科学数据做支撑。因此，富有冒险精神，在成功之路上勇于拼搏，这些都显示出成功者的勇气和信心。冒险不蛮干，朝着正确的方向拼搏，这才是成功者必须具备要的智慧。

# 奢侈慷慨与精打细算
## ——看保罗·盖蒂是如何花钱的

犹太人向来以节俭出名，节俭中透露出他们对打理金钱的精明。有人开玩笑说："如果你与看起来像犹太人，声音像犹太人的人共进午餐，如果他主动拿起账单，这个人绝对不是犹太人。"但节俭并不等于吝啬，犹太人捐款时的慷慨大方也是人所共知的。

20世纪60年代，世界首富保罗·盖蒂是一位既节俭又慷慨的犹太人，他的一生善于在奢侈和节约之间寻求一种平衡，对待金钱的态度看起来似乎充满矛盾性。因为他在日常生活中又精明又节约，但他对于某些事业的投资，却往往一掷千金，从不计较金钱数目。盖蒂认为金钱是上帝赐予的礼物，除了用来满足基本生活需求之外，更多的金钱应该花在有价值有意义的方面。毫无原则的奢侈只是一种愚蠢的浪费，而有节制的花费和有意义的投资才是健康的生活态度。

### 财富存在于种种危机之中

1892年12月15日，保罗·盖蒂出生于美国的犹太家庭，他的父亲原来是一名律师，后来开了一家保险公司，又做了一些石油生意，因此生活比较富裕。盖蒂是家中的独子，幼年的愿望是当一位作家和外交官。一次偶然的机会，盖蒂看见父亲开采石油的过程，发现自己对石油有浓厚的兴趣。

盖蒂 14 岁的时候，父亲已经成了俄克拉何马最大的石油商之一。全家人迁居到加利福尼亚的圣迭戈，然后又迁到了洛杉矶。盖蒂从小就不是一个认真读书的好学生，学业成绩经常不及格。在几番周折之后，他取得了牛津大学的文凭。到了 1914 年，第一次世界战爆发，保罗·盖蒂从英国回到家中，但不愿意依赖父亲，于是他带着 500 美元去奥克拉荷马创业。父亲知道儿子想在石油业上有所作为，于是便同意了儿子的决定，并且答应每月给儿子预付 100 美元，但父子必须分享利润——70%归父亲，剩下的才是盖蒂的。

盖蒂用 500 美元买了一块农场，专门组建了一家公司在这里开采石油。到了 1916 年，盖蒂公司挖的第一口井出油了，一天可以生产 720 桶原油。然而在喷油后的第三天，盖蒂果断地将石油井的开采权转让出去，并把这块出产石油的土地租给别的石油公司，让其他人去经营开发这块土地。由于这片土地上富产石油，因此租金相当昂贵，很多石油公司都想租到这块地，可以开发出更多的油井。这样，盖蒂就不担心开采石油经验不足的问题，他稳坐家中数钱就行了，按照与父亲的协议，盖蒂拿到了 30%的利润，仅开采权的转让费就让他净赚到 1.2 万美元。同时，农场的土地租金让他获利更多。到 24 岁的时候，盖蒂已经是一个百万富翁。

这次交易坚定了盖蒂对石油业的信念，相信自己能赚更多的钱。自此，他开始把石油作为自己的事业来经营。年仅 24 岁的盖蒂告诫自己："一定要具有冒险精神，富贵险中求。" 在第一次世界大战期间，美国的石油价格涨了将近一倍，盖蒂的财富也随之膨胀，他在油矿附近做租借地中间人的生意，不仅从中获得了可观的利润，而且还不断扩大自己的石油领地。战争期间各种行业的投资都面临危机，石油虽然赚钱，但盲目投资开采极有可能血本无归。当时的石油商很少能认识到地质学的实用价值，他们都凭借经验和感觉，钻井带有极大的盲目性，成功率很低。但盖蒂却虚心学习，他认真听从地质学家的意见，把目光从竞争激烈的地区转向没有人注意的地方。不久之后，他在库欣油田北面和西面的红土地带发现了加伯油田和比林斯油田。

仅仅半年的时间，盖蒂又发了一笔横财。他像往常一样把产油的土地租借出去，自己不需要亲力亲为管理油井。接下来一段时间，盖蒂没有遇见让他有投资兴趣的油田，于是他暂时决定“退休”，去各地游历，尽情享受生活，做年轻人喜欢的事情。到了1921年，加州新的石油潮兴起，盖蒂看准时机再次投资石油业。他以693美元的价格在圣菲斯普林斯附近买下一块山地，到1923年，这块土地的年产油量达到7000万桶以上，此后的15年里，共创造了640万美元的价值，可谓是一本万利。

到了20世纪30年代，美国经济开始出现大萧条，股票市场崩溃，大多数投资家和商人纷纷退缩，但盖蒂却逆流而上，他看中加利福尼亚的两家石油公司——海滨联合石油和太平洋西方石油，盖蒂打算收购这两家公司。这一“盲目投资”，以及他对石油业的慷慨热情，让众人觉得不可思议，因为在当时根本无法预见这些“垃圾”未来有升值的可能性。盖蒂在石油上的巨额投资几乎成为别人的笑柄，盖蒂的众位合伙人纷纷退出，他们把手里的股票都卖给盖蒂，因为没人愿意陪他继续冒险。这一投资，盖蒂撑了十多年。在这十多年间，庞大的石油帝国公司虽然建立起来，但几乎是一个空架子，石油股票没有什么价值。当时市场上油价太低，石油公司里出产的原油仅够维持基本运作，盖蒂四处寻求资金支持，继续坚持石油投资。

为了能坚持到最后，盖蒂必须要寻找到成本较低的新油井。他敏锐地察觉到未来的石油发展应该在中东，于是大步踏入这块土地。从1950年开始，盖蒂在中东投资开采石油，他先期贷款投入了4000万美元，经历了四年的坎坷与等待，一个个废井几乎令他绝望，此时的他已经60多岁，公司状况十分糟糕，随时都可能破产。在所有人都不看好盖蒂的时候，成功意外地降临了，贫瘠的土地如“涅槃重生”般冒出了黑色液体，彻底扭转了盖蒂的命运。高产油井被一口接一口地打出来，而此时全球油价大幅度上涨，石油成为“黄金液体”。盖蒂公司的股票成倍地猛升，到了20世纪60年代，他一跃成为世界首富。

**精打细算是创造财富的基础**

在很多人看来，盖蒂的一生都挥霍无度，他在购买股票和投资石油上的奢侈简直是一种疯狂状态。但事实，当人们将目光转向他的日常生活，才发现这位在投资方面一掷千金的石油大亨在很多方面都精打细算。

盖蒂的一生充满了传奇色彩，围绕在他周围的一直都是褒贬不一的声音。在盖蒂的经商法则中，精打细算是创造财富的基础，是一个成功的生意人必备的素质。盖蒂在投资太平洋西方公司时几乎花光了身上所有的钱，他没有办法继续高薪雇用职员，于是就将所有的员工统统解雇，然后再以较低的薪金把一部分人雇回来，这样就节省了数目庞大的工资。盖蒂在投资中经常遇到资金困难，他知道金钱应该花在刀刃上，不能随意浪费。于是在企业管理的过程中，他花钱十分谨慎小心，尽可能把管理费压到最低，并且不允许管理层的雇员超过700人。同时，盖蒂总是竭尽全力挖掘每位雇员的最大潜力，让一个人承担五个人的职能，以此省下每一分钱。就这样，盖蒂不管遇到多么残酷的经济难关，总能在一点一滴的精打细算中熬过来。

到了20世纪60年代，盖蒂已经拥有家财万贯，成为世界首富，但他个人生活的节俭习惯仍然没有改变。他并不喜欢在无用的地方挥霍金钱，也不愿意购买没有实际意义的豪华奢侈品，在他看来，每一分钱都必须用在值得的地方。

盖蒂从年轻时期就有一个梦想，他渴望建造一座艺术品博物馆。盖蒂在艺术上，尤其在古典绘画和雕塑上都造诣颇深，他曾经收购了大量的名画和古典家具，尤其是在经济萧条年代，艺术品跌价的时候，他大量买进各地的艺术品。他著有几部美术史和理论的专著，对艺术鉴赏拥有独到的见解。1968 年，保罗·盖蒂博物馆建成，他做出了一个伟大的决定：这座博物馆永远免费对外开放，任何人，只要脚上穿鞋，无论贫富与社会地位，都可以进来观赏。1976 年在临终前，他把自己全部财产的 70%捐给保罗·盖蒂博物馆，为后世的全人类保存了不朽的文化遗产。

盖蒂的一生中，常年住在油井旁边的帐篷和小旅馆里，对自己居住的房屋要求不高。但他在建造这座庞大的博物馆时，却花费了大量的心血和金钱。这座建在山崖上的“宫殿”，外观建材采用淡褐色，表面粗糙但色泽柔和，象征“悠久”与“永恒”，这些从意大利漂洋过海运来的天然石材价值不菲，差点让公司在当年面临破产危机。博物馆停车场的优先设计，方便的轨道电车，都是为了让人们毫不费力地上山参观。同时，这座博物馆每年的开放维护费几乎需要 100 多万美金，但是对于盖蒂而言，这一切花费都是值得的。在他看来，在这个世界没有什么物质可以永垂不朽，因为所有的一切都会输给时间，把金钱和精力花费在必朽坏的地方，那是蠢人的做法。只有追求事业的精神和真正的艺术才可以流传千古。盖蒂正是看明白了这一点，所以他始终坚持自己的花钱哲学，一方面精打细算；另一方面却奢侈慷慨到令世人咋舌。

**犹太智慧羊皮卷：奢侈与节俭的学问**

保罗·盖蒂被称为美国的石油怪杰，他 24 岁赚到第一个百万美金，65 岁荣登美国《财富》的全球首富之位，并连续 20 年保持美国首富地位。他的一生充满神秘和矛盾的色彩，在奢侈与精打细算之间往复徘徊，似乎永远都没有中庸地带。盖蒂的花钱哲学十分深刻，也令人深思，或许世上有很多人无法理解他，但他的坎坷经历始终都阐释着一条规则：一生追求永恒的东西，将金钱花费在永恒的事物上，为世人留下永恒的遗产。

他是慷慨还是吝啬，世人的议论仍在继续。“慎重花钱”和“慷慨解囊”都是犹太人的习惯，在犹太移民史中，节约和慈善的倾向都对全世界产生过深远的影响。犹太人有这样一个想法：“我不喜欢浪费钱，但是如果这样东西对我很重要，那么不管多么昂贵，我都会尽力用金钱来换取。”

# 把钱都揣进腰包不算富翁
## ——金融大鳄索罗斯的慈善学

犹太人经典智慧全书《塔木德》上说:“如果赚的钱都揣进了自己的腰包,你就不是一个真正的富翁。”许多犹太商人不仅以资产出名,更是以慈善家的身份而闻名天下。犹太人不但会赚钱,也懂得如何使用这些钱,他们用金钱回馈社会,帮助他人,满足他人的需求,从而获得名声、地位和荣誉,同时获得更多的利润。

犹太人乔治·索罗斯就是这样一个充满智慧的人。他是一个金融天才,是金融投机家,他在美国以募集资金试图阻止乔治·布什再次当选总统而闻名。他曾经建立量子基金,弄垮了英格兰银行,甚至引发了亚洲金融危机。

毫无疑问,索罗斯是一位精明的金融大鳄,但他同时也是一个著名的慈善家。他的捐款金额曾经多年蝉联全球第一,他将金融家与慈善家的双重身份完美结合,诠释了一个与众不同的传奇人生。

**对待财富的态度**

1930 年 8 月 12 日,索罗斯出生于匈牙利一个犹太人律师家庭。犹太人的传统教育对索罗斯影响极大,他的律师父亲教会索罗斯为人处世的道理,告诉他只有自尊自重、坚强自信的人,才有可能获得真正的成功。在犹太传统教育和父亲的教导之下,索罗斯自幼对待金钱财富就有一种淡然平和的态度,他知道金钱只是满足生活需求的一种工具，人类真正需要的东西是安全、尊重、爱，以及自我价值的实现。

第二次世界大战期间，纳粹对布达佩斯进行侵略，索罗斯全家遭受迫害，因而隐姓埋名，四处流浪，年少的索罗斯也跟随全家开始了逃亡生涯。父亲花费重金为家人买到了伪造的身份证，并找到了一个相对安全的藏身之地，从而使家人幸免于难。虽然这段经历充满了危险和痛苦，但对于索罗斯来说，却是他生命中极为精彩快乐的一段时光。这段经历让索罗斯明白生活的两个基本原则：第一是不要害怕冒险，第二是冒险时不要押上全部家当。

1947 年，全家人移民英国定居。1949 年索罗斯进入伦敦经济学院学习哲学。虽然索罗斯后来的金融生涯充满传奇，但他曾经很希望成为一名作家和哲学家，由于他在读书期间穷苦不堪，因此他认为赚钱的目的是为了支撑梦想。索罗斯选修经济学课程，同时也喜欢自由哲学家卡尔·波普。卡尔的哲学理念提醒他，尽可能从哲学的角度解释世界运作的方式，这为索罗斯开拓了金融市场运作的视野，也让他对自己的才能和天赋重新做一个反思和估量。他逐渐发现，自己对经济和数字极为敏感，而且开始对投机商业发生兴趣。

1953 年，索罗斯从伦敦经济学院毕业，他首先去北英格兰的海滨从事销售工作，这让他感觉到谋生的艰辛和不易，而且对于实现梦想来说，金钱的力量非常重要。他放弃了以前不切实际的想法，打算找一个提供高工资的工作。他给伦敦所有的投资银行写了一封求职信，终于有一家银行给他提供了一个培训生的工作，索罗斯终于有了一个可以糊口的工作，他的金融生涯也从此揭开序幕。

1956 年，索罗斯移居美国，很快进入纽约华尔街谋职。他的投机商业开始发展起来。索罗斯着迷于这个工作，成了一名在黄金股票套汇方面很有专长的交易员，尤其是在利用不同市场差价赚钱方面专长。他开始有了一些小钱，但是伦敦的单调已经不能满足日益成长起来的索罗斯了，他决定到世界最大的金融中心、冒险家的乐园——纽约闯荡一番！

有一次，他短时间内大批购进了英国政府的证券，但因为没有提前安排好融资的时期，他在伦敦城中来回奔波，希望能够从银行获取足够的信用额度。他极其疲惫焦虑，感觉心脏病要发作了。他突然明白了一个道理："为了挣钱，我冒着如此大的风险，但是如果我就这样死了，那我就是输家。如果只是为了变富有而死去，我将是一个彻底的失败者！"从此以后，他开始尝试将赚到的一部分金钱投入到慈善事业中，以至于后来他决心成立一个基金会，为社会和全人类做点有意义的事情。在他看来，"做一些对这个世界真正有意义的事情，这才是值得献身的事业"。他找到了自我发展的空间和方向，找到了人生价值的真谛。

**金融巨鳄与慈善家**

从 20 世纪 80 年代开始，索罗斯在世界上扮演着两个重要角色：金融巨鳄和慈善大亨。索罗斯对股票异常敏感，他似乎能看透股票的发展趋势，永远在大涨前买进，在下跌前卖出。他尤其喜欢卖空，虽然这是一场极为刺激的大冒险，但他却乐在其中，因为每次投资，都十有八九会以胜利结束。他的名气越来越大，开始在华尔街被人熟知，成为股票投资的一个风向标。

在 1992 年欧洲货币危机期间，他大举卖空英镑，几乎令英格兰银行的正常业务破产，这一次出手令索罗斯捞取了 20 亿美元的利润。1997 年，泰铢大幅贬值，索罗斯用十亿资金作赌注来针对泰铢，给泰国货币危机火上浇油，引起东南亚金融危机。索罗斯在投机商业中手段狠辣残忍，冷酷无情，被人称为金融巨鳄。他在世界金融界翻手为云，覆手为雨，令无数经营者倒闭破产。

然而，索罗斯是一个极其复杂的人，让人无法猜透。他在金融市场上无情征讨，信奉“弱肉强食”的规则，但他又是一个慈善大亨，投入大量资金建立慈善基金会。索罗斯基金会遍布全球，他的慈善分支机构每年支出7.5亿美元的慈善捐款。索罗斯从事各项慈善活动，他虽然拥有很多资产，但和其他富翁的奢华相比，他的私生活异常简朴低调，而在慈善事业上却愿意慷慨解囊，一掷千金。

作为一名犹太人，索罗斯反对种族隔离政策，他资助南非黑人学生进入大学就读，又设立了35种基金，给黑人学生提供留学机会。他极力资助黑人学习文化知识，改变落后国家的陈旧观念，推动南非的和平发展。退休的索罗斯将所有精力放在慈善事业上，他说：“我老了，趁我还活着的时候，赶紧把钱花出去才行。慈善给了我工作的理由，赋予我生命更高的意义。”他很明白，赚取金钱的最终目的不是增加数字，而是为全人类的幸福生活谋求福祉。他想拥有的财富不仅指金钱，还有灵魂上的充实和精神上的富有。

**犹太智慧羊皮卷：做一个真正的富翁**

犹太商人认为：“一个富人，绝不能做财富的守财奴，富人有责任为他人、为社会多做一些事，更多地回报社会。财富是水，是身外之物，如果有一杯水，可以自己一个人喝，要是有一条河，就应该和大家分享。”索罗斯是一位了不起的金融家和慈善家，但他始终认为自己只是人类的普通一员，他说：“对于我这样一个平凡人来说，只有通过致力于人道事业，才能为自我意识找到足够的发挥空间。我渴望让世界更美好，这就是我的人生理念，也是金钱应该发挥作用的地方。”索罗斯领悟到怎样才算一个真正的富人，世上有无数人拥有巨额财富，但能够站在人生价值巅峰的才是真正的富人。

人类最可悲的堕落就是将金钱等同于幸福，似乎金钱可以买到一切，最终在不知不觉中沦为金钱的奴隶。事实上，“衡量财富的原则，在于内心的富贵”，一位真正的富翁，不仅要实现个人价值，也要对社会承担义务和责任。一味地追求金钱和权力，不顾及社会责任，那么财富将变得毫无意义。金钱可以丰富人生，真正的富翁是用金钱来满足更多人的需求，丰富更多人的人生。

# Part 5

# 为人之道：知书先达礼，做事先做人

生命中有两件重要的任务，一是立德做人，二是踏实做事。做人有原则，做事有艺术。人生一世，根本目的是要解决“怎样活着”的问题，无非是做人、行事两个范畴，构成了人生的全部。为人之道是成功的先决条件，一个人在品格上的高低，决定了做事空间的大小，一个人的眼光和境界，决定了成功的可能和方向，正所谓：“德不优者，不能怀远；才不大者，不能博见。”犹太民族的为人处事之道充满智慧，他们认为，人生在世，必然要承担一定的社会责任，于己要修身自勉，于人要行善谦逊。发挥自我的全部价值，对他人有所贡献，这样的人生，才是真正成功的人生。

# 钱很重要，但绝不为钱是从
## ——坚持纯粹的科恩兄弟

对于犹太人而言，金钱是上帝的礼物和祝福，但金钱并不是信仰本身，一个人应当成为金钱的主人，而不是金钱的奴隶。然而在这个经济快速发展的时代里，物质的力量往往使人异化，很多人在追逐金钱的过程中抛弃了梦想与尊严，最终沦为金钱的奴隶。其人生目标、兴趣爱好都围绕着金钱而发生改变。穷人拼命努力获取金钱，富人拼命努力守住金钱，人的意志力被金钱的诱惑埋没，最终成为唯金钱是从的“小人”。

但是不管怎么样，总有那么一些人依然在坚持着纯粹，美国名声最为卓著的独立制片旗手，科恩兄弟（乔尔·科恩、伊桑·科恩）便是其中的一员。

**坚持纯粹，从热爱开始**

科恩兄弟出生于明尼苏达的一个犹太中产之家，乔尔生于1954年11月29日，伊桑生于1957年9月21日，他们的父亲在明尼苏达大学教经济学，母亲是圣克劳德国立大学的艺术史教授。众所周知，犹太人崇拜知识和财富，兄弟俩从小便开始努力学习，培养各种爱好和兴趣，为以后创造艺术价值积累经验。

少年时期的科恩兄弟酷爱电影艺术，他们很小的时候便开始接触摄影机。他们用给人修剪草坪得来的钱买了一部超8毫米摄影机，跟邻居家的孩子一同改编制作电影，情节都是从电视里看来的，通常是一些“拙劣仿制”的好莱坞式商业电影。科恩兄弟平静的童年生活为他们打开了一扇通向电影世界的大门，他们从小到大都与电影相伴，这个美丽而又虚幻的世界仿佛是他们的玩伴儿。

科恩兄弟的爱好与兴趣非常简单纯粹，而且从小时候开始就一直没有改变过。他们从少年时期开始，每天做着自己喜爱的事情，随着时间的推移，这种对电影的热爱已经成为他们性格的一部分，而且也是他们生活中必不可少的习惯与乐趣。就这样，一个简单纯粹的爱好成为了他们的终身事业，他们充满激情与执着，可以完全不顾及世人对电影艺术的看法，不在乎任何人对他们的刻薄抨击。因为对于科恩兄弟来说，他们做自己喜欢的事情，他们成就自己热爱的事业，热爱和兴趣本身已经超越了一切。金钱、地位、名望都不能取代他们的热爱，因此他们对电影有着纯粹的渴望与追求，用他们超脱世俗的感情创作着别具一格的艺术作品。从而，科恩兄弟能够在好莱坞标新立异，开启好莱坞脱离世俗、张扬个性的表现形式，他们对电影的贡献具有划时代的意义。

**不曾停息的坎坷道路**

犹太经济学家威廉立格逊说过：“一切都是可以靠借的。”这个世界准备好了一切你所需要的资源，你要做的仅仅是把他们收集起来，运用智慧把他们有机的组合起来，这样便可以去创造财富和成功了。坎坷并不可怕，永不服输的犹太人有着坚韧的毅力，他们总是能够在顺境中不骄不躁，在困境中不气馁、不放弃。恰如科恩兄弟，他们怀着对电影的热爱，追求的始终是儿时的梦想，不加半分功利，哪怕遭遇坎坷，也未曾轻易放弃。

1984 年，科恩兄弟用两个月时间花了 80 万美元完成了影片《血迷宫》，获得了第一届桑丹斯电影节的最佳影片奖，在独立制片史上具有里程碑的意义。这部影片中饱含了兄弟二人的艺术精神和理念，理所当然也获得了独立精神奖，其影片的内容和形式的基本特征甚至影响了以后很多的美国电影。此片一反好莱坞大片的商业气息和媚俗倾向，在电影评论届引起较大反响，但就票房来说，却是一部并不卖座的电影。

1987年，科恩兄弟再度推出他们的新作《抚养亚利桑纳》，1990年推出《米勒十字路口》，而1991年的《巴顿芬克》成为了科恩兄弟正式走上国际影坛的扬威之作。《巴顿芬克》创造了一个历史性的辉煌，各大娱乐传媒纷纷大肆宣扬这部电影作品，但好莱坞的投资商和观众们却不买账，他们看不懂这种艺术电影，认为科恩兄弟简直是在浪费金钱。有些投资商甚至暗示兄弟两人，凭借他们的才能与对电影的敏感性完全可以制作出既获奖又卖座的好莱坞商业电影。

此后，科恩兄弟在电影创作的领域进行着不同风格的尝试，他们犹如不知疲惫的顽童，对各种艺术表现手法都充满了好奇。很快，他们创作了一部近代都市童话轻喜剧《赫德萨克代理人》（又名《金钱帝国》）。这部闪烁着银灰色质感的影片制作非常精美细致，情节紧凑，动感十足，票房形式一片大好。但由于此片过度精致、过分注重故事的流畅和传奇色彩，反而使习惯特立独行和微妙想象力的科恩兄弟难以尽展才华。电影评论界对他们进行了尖锐的批评，认为这部电影多少令人有些失望。

1996年，科恩兄弟又以一部《冰血暴》博得一片喝彩，这部电影带有复古怀旧的倾向，是科恩兄弟又一次的转型之作。1998年，科恩兄弟的《谋杀绿脚趾》问世，影片仍旧展现出他们特立独行的风格，混含着黑色、喜剧、神秘，甚至是略带矫揉造作。这部片子一问世，几乎所有的评论者和观众都沉默了，电影票房不温不火，评论也是只言片语，人们都被科恩兄弟搞糊涂了，他们究竟是想拍片赚钱，还是想剑走偏锋摘去文艺片大奖？

《谋杀绿脚趾》这部电影似乎什么也不是，它不流行也不合时宜，而且缺少文艺气息，也无法满足评论家的审美需求，就连最刻薄挑剔的评论者也不知道该从何处入手，对这部作品是褒是贬，根本没人能搞得清楚。于是，大家只能集体沉默，让时光来证明这部电影的真正价值。事实上，这部电影随着时间的推移，越来越散发出夺目的光辉，被认为是一部绝对经典的作品。

2000 年，《逃狱三王》由原本的一个逃狱喜剧改为一个奥德赛式的神秘剧，电影中的审美意象关于美国历史，同时也涉及到科恩兄弟的信仰问题。这部电影艰深晦涩，但深邃的精神意境令人震撼，尤其是其中优秀的音乐更为人称道，甚至影响了一代美国民谣歌手。观众们渐渐明白了科恩兄弟的风格，他们似乎从来不在乎别人怎么评价电影，而且从不媚俗，永远坚持他们自己的纯粹，这种纯粹的对电影的热爱令他们孜孜不倦地勇往直前。

2001 年，科恩兄弟将英国黑色惊悚小说《缺席的人》搬上了大银幕，又引起了评论界的一片哗然，电影评论家几乎被这对兄弟搞疯了，因为他们从不按照常理和规矩出牌，而且制作风格和表现的电影精神变化多端，连一点固定的手法和规律都没有。

2003 年，科恩兄弟突然声称他们拍摄了一部商业大片《难耐的残酷》，这部片子完全使用了商业手法，以卖座和票房为前提。电影拍出来之后，却惹得评论界和投资商都很恼火，因为他们所谓的最为商业化的片子的收益只能勉强和成本持平，一分钱都没赚到。

接下来 2004 年，他们重拍经典老片《师奶杀手》，这部片子让他们获得了这辈子最冷淡的评论，没人说他们好，也没人说不好。观众、投资商、评论家们都累极了，他们无法了解科恩兄弟眼花缭乱的招数。即便如此，这兄弟俩仍然乐此不疲地进行各种尝试，他们的新点子层出不穷，让所有人都见识到，什么才是真正纯粹的热爱。

**时代标杆，纯粹人生**

终于在2008年，科恩兄弟拍了一部《老无所依》，惊艳了整个奥斯卡奖，一举囊括奥斯卡四项大奖。同年，弟弟伊桑还尝试了舞台剧，创作了《将近夜晚》，也收获了一致的好评。事实上证明，科恩兄弟完全可以拍出各类卖座的电影，也能拍出符合主流的作品。只是他们对赚钱不是那么在意，他们纯粹地热爱电影，金钱只是电影事业带来的附加值和小奖励。

有人说："控制世界的是美国，而控制美国的则是犹太人。"人们都知道，全世界的金钱装在美国人的口袋里，而美国人的金钱却装在犹太人的口袋里。事实上，不仅在金钱方面如此，在思想方面也是如此。美国的好莱坞从不缺乏影像精神的大牌，但科恩兄弟用他们独具特色的电影作品、黑色幽默的情节表达征服了所有人。他们的电影越来越被人理解，因此也越来越赚钱。目前的科恩兄弟在美国乃至整个世界独立影坛几乎是无往不利的金字招牌，也是所有大牌演员期望合作的对象之一。

科恩兄弟的作品带有一些魔幻色彩，他们擅长黑色风格，叙事手法与好莱坞娱乐片截然不同，电影中的人物和情节夸张变形，往往营造出一个独具魅力的个人影像世界。事实上，他们拍摄的电影与好莱坞主流电影有天壤之别，电影中的精神意象极为真实地表现出时代的特征。人们渐渐明白了一件事情，好莱坞大片并不代表时代精神的主流，科恩兄弟的电影才是真正的主流。

他们的每一部电影都洋溢着兄弟俩的才华，他们创作电影的初衷不是为了赚钱，但结果却为他们带来了无数的金钱、名誉和地位。科恩兄弟的任何一个故事都是独特的，有着十分明确的故事背景，如同名牌商标一样，代表了一定区域内的生活方式和文化习俗。电影中的地理美学让观众们意识到时代的特征影像，科恩兄弟向观众展示了一个真实的美国，为人们提供了审视美国社会的独特视角。

因此，他们的电影是真正的时代标杆，将固定的无法改变的地理因素与可变的艺术创作相结合，为观众打开了独有的时代电影之窗，通过这扇窗，人们看到的是一个神奇而绚丽的艺术世界，同时也看见了一个真正的时代存在。

**犹太智慧羊皮卷：金钱与纯粹的事业**

人生总该有些纯粹的追求，但这些追求绝不是金钱。犹太人崇尚的是一种不拘一格，不受束缚，向往自由，宣扬个性的风尚，他们追求智慧和真理，张扬个性与自由，热衷竞争与合作。科恩兄弟一生都拥有如此纯粹的追求，他们热爱电影，执着于创作电影，在用电影表现自我精神的同时，也从未停止过对现实时代的解构与批判。

他们用自己的黑色风格和独特手法影响了好莱坞，甚至也影响了美国社会。他们始终坚持自我追求的纯粹，财富也随之滚滚而来。世人常常颠倒事业与金钱的关系，认为事业的目标就是为了追求金钱。其实，事业的目标是为了成就自我纯粹的热爱，金钱只是成就事业的一个副产品。当人们的事业成功了，达成了热爱的目标，此时再回头一看，原来金钱也已不知不觉地堆积满地。

# 自由是最崇高的财富
## ——茨威格的流亡生涯

心是小的，但是它却能装下全世界，因为思想是自由的。犹太民族世代如此教育自己的儿女，追求自由是他们一生最坚定的信念。犹太人的信仰是民族力量的源泉，鼓舞着一代又一代的犹太人，为了个人自由和民族自由而不懈努力着。

在犹太民族世代流传的精神世界里，独立自由是一切行动的根基，有了自由才能去追求信仰。自由思想所支配的行为打下深深地烙在了犹太民族的心里，于斯蒂芬·茨威格而言，个人自由便是一种内在的精神需求，不应受世俗丝毫的约束，这也是他毕生的追求。斯蒂芬·茨威格是著名的犹太人小说家，20 世纪三大传记作家之一。追求个人自由的信仰，在他的一生中都体现得淋漓尽致。

**文字是人生信念的执笔**

1881 年，茨威格出生于奥匈帝国首都维也纳一个富有的犹太家庭，他自幼对文字极为敏感，对文学产生了特殊的热爱。他 17 岁时在杂志上发表第一首诗，直到 1900 年时，他已经有 200 首诗歌问世。1901 年，20 岁的茨威格出版了第一本诗集《银弦集》，次年发表了第一篇小说《出游》。1904 年，他出版了第一部小说集《艾利卡埃·瓦尔德之恋》。

1911年，第二本小说集《初次经历——儿童国度里的四篇故事》出版，作品多为探索成人精神世界的内容。追寻人最初自由之精神，这样的内容成为他此后作品的一个基调，他把这部小说集称为他“链条小说”最初的一部，是奠定他人生哲学的开端。此后，他创作了戏剧《耶利米》、文章《信奉失败主义》、小说《桎梏》等作品。

从20世纪20年代起，他以德语创作赢得了广泛声誉，他从事过文学翻译，善于运用各种体裁。在他的作品中，以传记和小说最为著称，“链条小说”系列便是其代表作。在这些作品中，他描述着成人世界的无聊、荒谬、颓废、堕落、庸俗，并揭示出人们身不由己的生活状态，充满了对自由精神的渴望。

1928年，斯蒂芬·茨威格应邀赴苏联，借此机会与高尔基结识，完成了由三本书组成的著名作家传记“世界建筑师”——《三位大师》、《与魔的搏斗》、《三位作家的生平》，还出版了由12篇人物故事组成的集子《人类群星闪耀时》。这一时期的作品让茨威格捕捉到人类精神中闪耀的东西，那就是自由的精神。自由如同明媚的阳光和洁净的溪流，人类没有自由，便失去全部希望，一生将陷入无聊虚空的泥潭。

1933年，希特勒和纳粹党掌握德国的政权，犹太人民备受迫害，斯蒂芬·茨威格也不例外，于是他决定奔赴伦敦。但是，茨威格没有因此屈服，也没有为此放弃写作，他用文字和精神的力量帮助犹太民族获得自由。

反战是茨威格作为犹太人的本性，自由是他的人生追求，写作对于他来说，是一种追求自由的事业。在此之后，他创作出《看不见的收藏》、《日内瓦湖畔的插曲》、《旧书商门德尔》、《鹿特丹人伊拉斯谟的胜利与悲哀》等作品。

1942年，他完成了自传《昨天的世界》，被后人评价为最能体现茨威格风格的传记，因为这部自传展现出茨威格，或者说是所有犹太人民心底最深情的呼唤：坚持自由！

**终生追求自由的茨威格**

茨威格曾说：“在我的传记文学中，我不写在现实生活中取得成功的人物，只写那些保持着崇高精神的人物。”茨威格的传记非常容易让人感受到他对世界和平的留恋与缅怀，对未来自由和理性世界的憧憬和向往。一部《昨日的世界》向世人展示了茨威格追求自然天性，富有理性精神的生存方式。

茨威格深刻地描述了犹太人热爱自由的天性，犹太人赞许洁身自好、不慕荣利、甘于淡泊的性情，他们在内心中对民族性有着强烈的自豪感。茨威格自己也如此，他甚至拒绝任何形式上的荣誉，他认为自己之所以在内心能感觉到自由，并把它看成唯一可靠的财产，就是得益于犹太人的这种性格。

当战争局面变得越来越无法预计，茨威格对世界的未来充满了忧思。他到处流亡，躲避战乱，并发觉人类的心灵自由被不断倒退的世界所限制，人类所拥有的自由权利不断的减少，人性自由正面临着前所未有的考验和威胁。出于对政治和战争的极度敏感，茨威格一边过着流亡生活，一边积极写文章表达自己反战的愿望，希望用文学作品的力量，唤醒人民对狂热专制主义和狭隘民族主义的反对和抵制，让人们认识到法西斯战争的非正义性，呼吁找回人类本真的理性和良善。

但是，战争是一个抹杀本性和良知的暴君，沉醉于权利和残杀的当权者是茨威格无法抗衡的，他从欧洲大陆逃到英国，又从英国逃亡美洲，眼睁睁地看着曾经光辉灿烂的欧洲文明在炮弹轰炸中变成断壁残垣。自由的梦想变得遥不可及，现实的残酷将茨威格仅存的生存意志消磨殆尽，如果世间不再有自由，人活着又有何意义？最后，他义无反顾地选择了自杀，用这样一种决绝的方式来解放自己的人身和内心的自由。

1942年2月23日，茨威格和他的妻子双双在巴西服毒自杀。他的自杀不是冲动，也不是对苦难和逃亡的绝望，而是“出于自愿和理智的思考”，出于对他的“欧洲精神家园”毁灭的痛心，为了获得解脱，去他所信仰的天堂里寻找真正的自由。茨威格一直到死，内心都只想着自由，只为了自由！茨威格看透了战火时代的纷纷扰扰、纳粹的邪恶统治、人性的丑恶及战争的残酷。回首他当日的绝命书：“对我而言，脑力劳动是最纯粹的快乐，个人自由是这个世界上最崇高的财富。”这深深地体现了一位伟大作家最崇高的精神向往。

1943年以后，茨威格的作品在美国和日本掀起了一阵狂潮，紧接着在其他国家也引起强烈的反响，但是唯独在德国却悄无声息。直到1981年，茨威格诞辰100周年之际，德国重新出版了茨威格的作品。这时德国读者才发现茨威格作品的魅力，他生前发表过的作品顿时变得炙手可热，生前从未发表过的遗稿也被整理付印。第二次世界大战结束以后，无数不可一世、名声震天的“元首帮”只能葬身在瓦砾堆里，湮没在后人的口诛笔伐中，而茨威格却在他的读者心中得到不朽的永生。

**犹太智慧羊皮卷：自由是最崇高的财富**

伟大作家的耀眼光芒往往吸引着后辈们去拜读他们的作品，希望能从作品中去体验到这些作家的魅力、心迹和意图。斯蒂芬·茨威格的文学作品充满思想，饱含着他对世界的深刻理解，以及他一生追求的信仰。在他的众多传记作品中，不仅展现了他成长的心路历程，也是人类为自由奋斗的真实写照。

自由和理想对于人类而言，等同于存在的全部意义，是人类与其他生物的本质区别。很多人认为自由与理想不可兼得，甚至人的生命无不经历着自由与理想的破灭。但是犹太民族从来没有放弃过，他们在理想和自由的问题上做出决然统一的选择，因为理想即自由。理想和自由不是彼此的束缚，而是彼此的依托。失去了理想就等于丧失人生意义，自由便毫无价值。

自由是人类最崇高的财富，是一种大无畏的前进精神，是一种震撼人心的力量。当自由权利受到限制，人性尊严受到践踏，希望光芒还未穿透黑夜，生命的意义没有光芒的反射，不得不变得黯淡。有了追求自由的信念，才有了生命的激情和价值。因此，世界上最崇高的财富，不是金钱地位，不是千古留名，而是自由。“生命诚可贵，爱情价更高。若为自由故，二者皆可抛。”自由是犹太民族心中最向往的追求，也是茨威格的终身梦想，为了成就自由的可贵，抛弃生命也在所不惜。

# 脚踏实地才能走得更远
## ——哈佛才女娜塔莉·波特曼

犹太民族有一句流传已久的话："再长的路，一步步也能走完，再短的路，不迈开双脚也无法到达。"脚踏实地是人类不断进步的前提，也诚如古人云："不积跬步，无以至千里。"现实生活中人人都渴望成功，而成功没有捷径，只有脚踏实地才可以走的更远。娜塔丽·波特曼，一位犹太姑娘正是因为选择了脚踏实地，一步一个脚印，才获得了成功，成为了众多人心中的成功女神。

娜塔莉·波特曼就读于哈佛大学，并取得心理学学位。她不仅仅是一名哈佛高材生，更是从小便闻名于世的美国演员。她在演艺圈脚踏实地，在学业上也是如此，她的成功与她沉稳坚定的性格是分不开的。

**脚踏实地才能走得更远**

1981年，娜塔莉·波特曼出生在以色列耶路撒冷。她的父亲是以色列医师，母亲是一名艺术家。波特曼三岁时和家人一起搬到美国。在母亲的影响下，波特曼自四岁起开始学习舞蹈，并在当地舞团里表演。1991年，十岁的波特曼拒绝了做儿童模特的邀请，全心投入表演。1994年，13岁的波多曼参加试镜争取电影《这个杀手不太冷》中的角色，刚开始导演以她年龄太小拒绝，但波特曼并没有放弃，她又一次向导演展示才艺，最终导演被她的执着精神打动，成功获选此剧中的少女一角。她在电影中与一名中年职业杀手成为朋友，表演到位，将可爱的少女形象表现得淋漓尽致。

由此，波特曼进入演艺圈，大家开始认识到了这个童星。1997 年，波特曼推掉了《洛丽塔》和《罗密欧与朱丽叶》的片约，去参演舞台剧《安妮·弗兰克的日记》，饰演安妮·法兰克。1999 年，她参演电影《管到太平洋》，获得金球奖最佳女配角提名。2001 年 7 月，波特曼加入了麦克·尼克斯导演戏剧《海鸥》，在其中饰演妮娜一角。此后，她先后获得奥斯卡最佳女配角奖和最佳女主角奖，让无数人为之羡慕，她更是奥斯卡史上最年轻的影后，所获其他奖项更是数不胜数。

身为好莱坞演员的娜塔莉·波特曼，令人们无法忽视她美丽的脸庞，但她并不是只拥有美貌的花瓶，她也不愿沦为花瓶。她一直不放弃任何充实自己的机会。在几部影片引起轰动后，波特曼果断拒绝了好莱坞的各路邀请，决定去哈佛大学深造。

对波特曼来说，只有成为真正的精英，才能找到自我价值："当人们把你当成美女，你在他们心中就只剩下外貌，你的人格魅力和智力就变得不那么重要了。所以到哈佛大学对我来说格外重要，因为只有和这些异常优秀的同学在一起，我才会看到真实的自己。"正是她这种不受浮华的名利诱惑，注重脚踏实地的性格，才得以在瞬息万变的演艺圈占据一席之地。

**永远注视着前方的风景**

波特曼刚出道时，以早熟孩子的姿态征服了世界。在她长大之后，那双充满智慧和纯真的眼睛始终未曾变过，在成年之后反倒显出孩子般的清澈。早期的秀兰·邓波儿等童星演员，一旦脱离了童年面貌后，银幕上再难续其成就。而星途坦荡的波特曼突然要去学校读书，这必定对她的星途有较大影响。但她对这些危机只是轻轻一笑，说："我才不在乎读书是不是会毁了我的演员事业，我宁愿当个聪明的女人，而不是漂亮的电影明星。"

她永远注视着前方的风景，虽然电影仍然围着她转，但她能比其他女演员看到更多美好的东西，她的脚步也比别人更执着坚定。她说："我仍然不知道表演是否是我愿意做一辈子的事，因为其他可做的事太多了。因为我知道我喜欢什么，想做什么，所以我很努力。"她的话语透露出一种智慧，她向世人展示出拥有明确目标的自我，她是一个有主见的女性，十分清楚自己的目标，并坚定地去实现它。

波特曼在哈佛选择了心理学，她认为心理学能够帮她更好地解读人性，有助于提高思想境界和演技。波特曼在选定一个角色时，会尽全力去查一些资料，同时做很多案头工作，去搜集与这个人物相关的一切消息，并会对这些信息做一个全方位的研究。所以她在好莱坞的演艺圈是一个特殊的存在，她身上具备一种独特的知性美感。

虽然她非常聪明，但她始终认为脚踏实地才是不断进步的必备前提。因为一夜成名的奇迹并不会发生在每个人身上，人们更需要通过脚踏实地进行学习，不被一时的成就遮蔽双眼，这样才能走得更远。

**犹太智慧羊皮卷：脚踏实地，一步一个脚印**

与好莱坞的风气相比，波特曼极其特立独行，著名的例子便是她曾推掉电影《洛丽塔》和《罗密欧与朱丽叶》的邀约，而去出演舞台剧《安妮·弗兰克的日记》。她把整整一年的时间献给了这部舞台剧，每场演出结束后，她都需要用一小时来向观众谢幕，她认为这是成长必须要拥有的经历。耍大牌是明星的通病，但波特曼的"大牌"作风却是一种脚踏实地的努力。

波特曼的完美让人嫉妒，但是她的努力却无法令人忽视。波特曼十分清楚，在浮躁而焦虑的环境下，任何闪亮的明星都终有黯淡陨落的一天，今天人们追捧的偶像，在明日或许成为被人嘲讽的小丑。在人人都向往成功的时代，只有脚踏实地，把自己变成一颗钻石，任凭烈火燃烧，任凭刀锋切割，任凭岁月流逝，仍然可以闪闪发亮，仍然可以笑到最后。

# 要有弱旅抗强敌的韧劲
## ——摩西·达扬的四次中东之战

犹太民族不仅是一个充满智慧的民族，而且还是一个坚强的、充满韧性的民族。在犹太人看来，拥有强大的力量击败敌人不算是真正的英雄，能够在比对方弱的情况下打败对手，才是真正的勇士，才会赢得更多的尊敬与钦佩。毫无疑问，摩西·达扬，就是犹太人眼中勇士的代表。

**智勇双全的摩西·达扬**

1915 年 5 月 20 日，摩西·达扬出生于巴勒斯坦加利利湖南岸的达加尼亚基布兹，父母都是俄国的犹太移民。摩西·达扬作为地道的犹太人，早年在耶路撒冷的希伯莱大学和坎伯利参谋学院学习军事，正是得益于系统的军事学习，他后来成为以色列军事领导人和著名的军事学家。

达扬对军事有一种天生的悟性，他曾担任以色列的农业部长、国防部长和外交部长，参加了许多国际军事谈判。在第二次世界大战期间，达扬参加英军，与法西斯势力做着英勇的斗争。在一场战役中，他的左眼因被弹片击中从此失去了光明，但是他并没有因此退下政治军事的舞台。这次意外不仅没有击垮他，反而让他的意志变的更加坚强，被称为“独眼将军”。

1948 年 5 月 14 日，第一次中东战争爆发，临危受命的摩西·达扬，带着自己刚刚组建的“八十九突击营”，勇敢的奔赴前线。他总是第一个冲锋陷阵，给他的士兵极大的鼓舞。摩西·达扬总是冲在最前面并不表明他是一个有勇无谋的匹夫。相反，他是一个智勇双全、令人心生敬意的勇者。第二次中东战争期间，他提出了后来被证明是极其出色的“达扬计划”。第三次和第四次中东战争期间他都是以军总指挥，为以色列在战争中获胜立下了汗马功劳。

摩西·达扬最突出的体现是在第四次中东战争中。1973 年 10 月 6 日，埃及和叙利亚为了夺回被以色列占领的西奈半岛和戈兰高地，对以色列发起了猛烈的进攻。这次战争埃叙联军一共动用了 1800 辆坦克，还采用了当时处于世界领先水平的武器装备，投入了大量的火炮、飞机、导弹，连最先进的侦查卫星也派上了用场。

为了应敌，以色列全国上下都竭尽全力，但是就军事实力来说，以色列明显处于劣势，双方势力相差悬殊，这给担任指挥官的摩西·达扬带来极大的挑战。但他十分清楚，真正的强大力量，并不只是表面上的强悍，更重要的是精神和信仰的强大。面对这样的情况，摩西·达扬和他的战士们不但没有恐惧，反而激起了极大的勇气。达扬沉着镇定，指挥得当，命令部下渡过苏伊士运河，让埃叙联军首尾不得相连，最后迫使埃及停战，以色列在战役中取得了极大的胜利。摩西·达扬在以少胜多的战争史上写下了光辉的一页，彰显了犹太民族弱旅抗强敌的韧劲。

**对国家和民族强烈的使命感**

以弱旅抗强敌的韧劲深深植根在犹太民族文化的土壤中，作为犹太民族一员的摩西·达扬也不例外。第二次世界大战之后，遭受过纳粹法西斯残忍折磨的犹太幸存者，迫切希望找到一个可以栖居的地方，让自己漂泊的心定居下来。他们相信上帝在《圣经》中的预言启示，相信那一块“流淌牛奶与蜜”的美好家园永远属于以色列。当犹太人向联合国提出“巴以分治”的方案时，却遭到了众多阿拉伯国家的反对。

摩西·达扬对自己的国家和民族有着一种使命感，这种大无畏的勇气和精神源于他对民族的热爱，以及对犹太民族文化的继承。他深信要为民族独立和自由贡献一份责任和力量。从1948年开始到之后的20余年间，他先后参加了四次中东战争，并使本处于劣势的己方逐渐占据上风，获得胜利。第四次中东战争之后，已经过了退役年龄的摩西·达扬很自觉地辞去了自己的职务，他鼓舞那些像他一样热爱民族和国家的热血青年，要拥有抵抗强敌的韧性，让犹太民族的精神得以延续和继承。

退出军界的达扬并没有忘记自己是犹太民族的一员，他时刻关心着国家和民族的命运，注视着自己要守护的圣土。为了提高国家的军事水平，他飞奔到当时正处于战火中的越南，亲临战场，学习和研究先进的作战理念和武器装备。达扬认为，以色列建国不易，虽然中东战役已经告一段落，但以色列仍然随时可能遭受周围阿拉伯国家的侵袭，因此只有不断学习新的事物，才能在变化多端的世界中生存下来，不断学习是犹太民族智慧文化的根基。

犹太人深爱着自己的民族，为了自己的民族，他们可以毫不犹豫地奉献出自己宝贵的生命。正是这份对民族深沉的爱与信仰，才让犹太民族变得更加优秀，生生不息。犹太民族强大的凝聚力，是以色列得以建立的基础与保障，使得犹太民族能够在历史的长河中绵延不断，这与他们内心的坚定信仰有着很大的联系。

犹太人明白，弱小的民族要想安全地生存下去，就必须密切关注自己周边的环境，随时团结起来，准备应对来自外界的威胁。在从越南回到自己的国家后，摩西·达扬敏锐的嗅觉已经感知到危险的气息。他凭着自己多年从军的经验，知道中东地区的博弈并没有完全结束，激烈的大战随时有可能一触即发。面对严峻的事态，已经退出军界的达扬毅然决然地接手以色列的外交工作，为缔结“中东和平条约”做出卓越的贡献。

**犹太智慧羊皮卷：弱旅抗强敌，来自信仰的凝聚力**

1981年，达扬因病逝世。在他短暂人生的66年中，大半辈子都在战场上为民族独立自由而征战。在世人眼中，犹太民族显然是一支弱旅，他们几千年被周围各民族和国家欺压凌辱，驱逐到世界各地。但在中东战役中，这支弱旅却表现出抵抗强敌的韧劲与勇敢。达扬坚信这种韧劲能够支撑起以色列国家，因为这种韧劲来源于民族的团结和坚定的信仰。

当摩西·达扬来到战场时，看到征战沙场的战士们一个个沉着坚毅，为了保卫自己的民族和国家，用坚定的目光和挺直的胸膛宣告了他们必将团结在一起，这种无比强大的凝聚力令全世界为之动容。

如果没有凝聚力，犹太民族也许早已沦落消失。一个人的力量是弱小的，而民族团结的力量是无限强悍的。当整个犹太民族因同样的信仰而凝聚在一起，那便是一股坚不可摧的力量，可以所向无敌。

# Part 6

# 处世之道：坚守原则，厚积薄发

犹太人的成功离不开他们的“原则性”，那是一种极为高明的处世之道。坚守原则意味着一旦订立了目标，便勇往直前，不受干扰，永不动摇，一步一个脚印地踏上成功之路。在机遇面前，要抛开不必要的犹豫、顾虑、腼腆、胆怯，积极去争取更多的有利条件，获得更多的利益。同时，在竞争激烈的社会中，也要战胜自我的软弱和怯懦，勇敢维护自我的尊严和荣誉。坚守原则的处世之道是一种智慧和韬略，是厚积薄发，是以退为进，是动静结合，可以让人快速适应社会，左右逢源，并在工作和事业中游刃有余。

# 低调行事，才能无所不在
## ——罗斯柴尔德家族的处世观

犹太民族中盛行一句话：收敛锋芒，低调做人。在中国也有这样的说法，老子说：“自见者长明，自足者不彰，自伐者无功，自夸者无长。”《后汉书》中也说：“峣峣者易缺，皎皎者易污。”

罗斯柴尔德家族几个世纪以来便一直信奉着这个原则，低调行事。从18世纪中叶开始，罗斯柴尔德家族迅速崛起，在不足100年的时间里，控制了整个欧洲的经济命脉，家族财富占当时世界财富的一半，世界各国的股市都随着罗斯柴尔德家族的资金走向波动。到了19世纪，欧洲便开始流行这样一种说法：“欧洲有六大强国，大不列颠英国、法国、俄罗斯、奥匈帝国、德意志普鲁士和罗斯柴尔德家族。”

经过前后250多年的变迁，如今的罗斯柴尔德家族看似没落了，实际上却是变得越来越强大。与张扬的美国资本投资家不同，罗斯柴尔德家族行事低调，很多人只是在读历史书时才会碰见它，但实际上它的影响无所不在，如此傲人的成就，与它一贯奉行的低调原密不可分。

**低调行事不是默默无闻**

低调并不等同于默默无闻，真正使罗斯柴尔德家族发迹的人是梅耶。他在父母去世后走进了生意场。后来，他不仅经营棉制品、烟酒，并开始从事银行业务，多年之后成为法兰克城的首富。即便成为一方豪富，罗斯柴尔德家族的人依然很低调，雅各布罗斯柴尔德勋爵曾说：“我轻易不接受采访，如果你真的想写点什么，希望最好不要写我个人方面的东西。”不仅是他，第六代掌门大卫·罗斯柴尔德也说：“我们从不对外公布金钱，因为如果成天去数钱，就不是什么很有意思很好玩的事了。”大卫的堂兄伊芙林的婚礼晚宴地点设在白宫，美国前总统克林顿参加婚礼，大卫说这是因为新娘是希拉里的朋友，并不是因为家族的缘故。

在美国社交界有一种说法，如果一天当中同时收到来自白宫和罗斯柴尔德家族的邀请，人们更愿意选择后者。罗斯柴尔德家族十分低调，甚至在普通百姓看来，这个家族如今是否存在都是一个问题。但这种低调的背后却是无比强大的实力，大卫说低调取决于个人的性情，不同的人有不同的选择，而罗斯柴尔德家族的传人恰好都是这种性情的人物。

罗斯柴尔德家族一直以来和政界关系良好，对此大卫也只是说：“萨科齐在当总统之前，我们就是好朋友，德国前总理施罗德是我的老朋友，也是公司的一个重要顾问。”家族成员不喜张扬的性格，造就了低调行事的风格。对此，罗斯柴尔德家族解释说道：“我们不是有意把自己藏起来，也不是刻意的神秘或低调，其实我们觉得，老跟别人谈论自己，根本没有什么意义，如果能保持一定神秘感的话，或许会更长寿一些。那些经常被媒体曝光的人们，会变得非常傲慢，而且人们要是在媒体上经常看见你，也会觉得你很烦，我们并不想给人这样的印象。”

### 种族精神与信仰

纵观古今，那些经得住历史沉淀，取得成功的大人物，更多秉持的是一种低调的处世原则。低调做事无论在商场，还是政治领域都是一种进可攻，退可守，看似平淡、实则高深的处世谋略。

罗斯柴尔德家族是传统的犹太人，他们拥有巨大的财富并跻身于欧美上流社会，但他们仍坚持犹太人的传统，小心翼翼地保护着犹太人的利益。他们把维护犹太民族的整体利益看得比赚钱更重要，他们始终坚持在犹太民族内部通婚，以最大限度地维护犹太人的血统和信仰，同时也可以将犹太人的利益朝最大化方向发展。

罗斯柴尔德家族坚信犹太民族血统中的智慧与创造力会给他们带来好运，因此在家族兴盛之后，他们为犹太人做了许多事情。比如在1820年，罗斯柴尔德家族的继承人内森宣布，不与任何一个拒绝给犹太公民权的德国城市做生意，这一举措使犹太人在德国的地位明显提高。此外，19世纪，伦敦的罗斯柴尔德家族银行宣布，绝对不向俄国沙皇贷款，因为沙皇政府迫害和虐待俄国犹太人。1850年，当罗斯柴尔德家族借钱给罗马教皇时，向梵蒂冈提出要求，拆除罗马的犹太隔都。这些事情极大地维护了犹太民族的利益，提高了犹太人在欧洲各个城市的地位。

与此同时，罗斯柴尔德家族还积极参加各种犹太人的活动，帮助犹太青年入学、找工作、开创事业等。同时，家族向犹太人捐赠善款，使在欧洲流浪的犹太人能够有机会读书、创业、组建家庭。这个家族还与犹太复国主义运动结下不解之源，他们大力支持《贝而福宣言》的发表，帮助成千上万的犹太人回到故土，最终促成了以色列国的建立。

罗斯柴尔德家族凭借着家族内部的相互扶持与支撑，一直屹立世界而不倒。整个家族始终保持着不竭的创造力和强大的凝聚力，他们在反犹太人浪潮的滔滔汹涌下，运用智慧沉着迎战，时时化险为夷。特别是在同法西斯的较量中，家族成员更是凭借财富和非凡的智慧，一方面拒绝向反犹太国家贷款；另一方面给犹太人的慈善事业巨大帮助，令纳粹头子算盘尽失。

罗斯柴尔德家族被称为是地球上最为神秘的古老家族，是这个世界的隐形控制者，是控制全球经济命脉近两个世纪的伟大家族。对绝大多数普通人来说，罗斯柴尔德家族甚至是陌生的。尤其在大众传媒时代，人们的目光只会关注到显形家族和各类明星家族，在这些名声显赫的圈子中，似乎根本没有罗斯柴尔德家族的影子。但美国有句经典的话形容当时的政治情况："民主党是属于摩根家族的，共和党是属于洛克菲家族的，而洛克菲勒和摩根都曾经是属于罗斯柴尔德的!"

**犹太智慧羊皮卷：真正的低调，是随时都可以高调**

在很多人眼里，低调的生活态度是没有远大理想，生活颓废，缺乏自信的表现。事实上，低调和颓废是完全不同的两个概念，低调是不喜张扬，而颓废则是没有追求和理想。一个人面对生活的不幸，缺乏必要的意志来改变命运，这种人是颓废者，而在低调者看来，苦难与不幸只是生命航程中必不可少的风景。低调的生活在本质上彰显一种实力，是一种比刚强更有力的生存策略。铸就辉煌需要低调的智慧。低调的人，虽才能出众，却从不骄傲自大；虽知识渊博，却从不卖弄学问。他们懂得忍让，总是谦恭和煦；他们不愿张扬，总是淡定行事。低调难能可贵，因为要拥有面对寂寞的勇气，人们之所以喜欢曝光与闪亮，正因为惧怕被漠视、被忽略的那种寂寞。

罗斯柴尔德家族的处世原则告诉每个人，应该低调做人，高调做事。低调实际上是潜心努力，自我保护，积蓄能量，蓄势待发，为下次机遇的到来做好充分准备。低调如同一滴水，悄悄地融入海洋，便可获得大海的能量。因此，低调行事，方能无处不在。

# 真正厉害的人大多是沉默的
## ——捉摸不透的债权人内森

在犹太人的眼里，大体上都有这样的一个标准："但凡优秀之人，皆有某段沉默的时光，困苦不抱怨孤寂不责难，不断地努力攀登，终会在黑暗之夜寻找到绚丽的盛开。"命运的精彩，不只是在轰轰烈烈之间，那些平淡与安静，亦是心灵的另一种力量，而真正厉害的人大多是沉默的。

内森·罗斯柴尔德男爵就是这样的一位智者，他是著名的世界金融世家罗斯柴尔德家族的成员，也是近代金融史上最具影响力的人物。内森在滑铁卢战役中一举夺得英国伦敦金融城的主导权，从而掌握了英国的经济命脉，从此包括货币发行和黄金价格等至关重要的决定权，一直把持在罗斯柴尔德家族的手中，使罗斯柴尔德家族成为欧洲乃至世界久负盛名的金融中心。内森凭借自己的精明与才干，不仅成为了伦敦金融证券界的巨头，而且与四兄弟一起建立了当时世界上最大的金融帝国。

**沉默中过人的自信与智慧**

1804 年，内森只身来到英国伦敦，在此之前罗斯柴尔德家族一直在法兰克福经营，其影响仅限于德国，而正是内森使罗斯柴尔德家族开始面向国外、面向世界发展。内森来到伦敦，刚开始只是做一些棉布生意。当时欧洲正值拿破仑到处征战，一些德国贵族流亡到了英国，其中包括法兰克福的威廉伯爵。为了保护自己的财产，威廉伯爵委托内森购买了大批英国的债券，而内森自己借机也做起了债券和股票生意。内森凭借自己的精明和才干，很快便发了财，成为伦敦金融证券界的巨头。后来，他又不失时机地向英国政府提供巨额军费，与伦敦军政要人建立了密切的联系。

内森在英国的成功鼓励了他的父亲，为了方便欧洲大陆与英国的金融贸易来往，父亲又在1811年把自己最小的儿子詹姆斯派到法国，在巴黎站稳了脚跟。几年后，家中的老三所罗门，老四卡尔又分别在奥地利的维也纳、意大利的那不勒斯建立了罗斯柴尔德家族银行的分行，就这样形成了欧洲的金融和商业帝国。正是内森过人的胆识和沉默中透露出的自信，让罗斯柴尔德家族成为欧洲，乃至世界久负盛名的金融世家。

**拥有过人经营技巧的大赢家**

战争，烧的就是各参战国政府的钱。购买装备、武装部队、内政外交这些都需要大量的金钱。哪怕是在和平时期，国家也需要大量的资金来建设和发展。所以，英国政府在当时发行了一定量的债券，向社会借钱集资从而发展建设，按照债权上的条款，政府日后向债权人返还本金和利息。

滑铁卢战役前，英国所代表的反法同盟，在获知拿破仑聚集法国大军准备决战的时候，信心不足，士气也不高。因此，整个英国社会对战争的未来感到悲观，大家对英国政府也感到十分失望，预感可能会战败。如果战争真的失败了，英国政府偿还其所发行债券的能力就不足。所以，当时，英国发行的债券在市场上的价格一再下降，即便如此也没有多少人愿意购买。

内森凭借着自己家族的信息优势，很快便获得了来自战场上的第一手英军胜利的消息，于是他先大幅度地抛售英国政府债券，抛售引起一阵恐慌，大家纷纷跟着他抛售，抛售的债券量多了，价格也就不断下降，所以对于英国政府来说更加雪上加霜。甚至许多银行家也发现这个问题，也都受到影响，拼命跟着抛售债券。一时之间，整个英国上下到处飞舞着越来越不值钱的债券。

很多人因为债券的价格太低而濒临破产，于是咬紧牙关将手中的所有债券都抛出去，导致债券的价钱降到最低，几乎处于崩溃的一线。然后，内森看到价钱跌得差不多了，于是大规模回购这些已经跌到不能再跌的债券。而此时大家还不知道英军已经获胜的消息，都在观望或者继续抛售，甚至有人嘲笑内森此举的无知。

等到胜利的消息传开，大家对英国政府偿还债券的能力恢复信心，于是想到要重新购买债券，但此时众人才惊讶地发现，英国政府大部分的债券都已经被内森购买下来。滑铁卢战争之后，内森成为了英国政府最大的债权人。

内森是一个沉默寡语的人，他平时很少说话，甚至保持着一种让人看不透的神秘感。但他拥有机智的头脑和卓越的眼光，总是能在巨大的时代潮流中寻找到机遇和发展方向。因此，内森的沉默绝不是消沉，更不是沉沦，而是一种低调，一种智慧和经验的积蓄，一种待时而发的酝酿。拉弓蓄力，为的就是箭发的铮铮有力。

沉默，可以让混乱的目标变得清晰。沉默，是城府，是睿智，是内涵。无声的沉默蕴藏了无限的生机和无穷的变化，宛如一道劈开茫茫夜空的闪电，在稍纵即逝的守候中，隐藏着勇敢者的伏击之势。

**沉默与胆识的结合**

内森在交易所内沉默不语，但他的沉默骗过了所有的人，罗斯柴尔德家族从不公开任何行动，而且让自己家族的资产值成为永远的秘密，这一切沉默的背后，不仅仅是智慧，更是一种谋略，“树大招风风撼树，人为高名名丧人”的道理内森不仅懂得，而且早就摸透并一直遵守。要想长久保持这份地位与财富，那么就一定拥有沉默坚忍的能力和暗中突击的胆识。

内森将沉默化为自己独一无二的利器，他轻易不开口，轻易不行动，但每一次开口和行动都引来令人无比的震撼力量，一位普鲁士驻英国的外交官这样说道：“当内森发怒时，英格兰的银行都在颤抖。”当奥利萨皇帝授予内森男爵爵位时，内森以沉默回应，他在远离欧洲大陆的英国，以冷峻的目光打量着这一切，而他最终放弃去领取爵位。因为男爵的称号对于内森而言，并非是一种荣誉，而是枷锁和束缚。金融界的大鳄早已不需要这些锦上添花的名号，亦不愿屈膝于皇室贵族。

不管是罗斯柴尔德家族，还是内森本人，他们沉默的背后都彰显出作为犹太人的超群智慧和胆识。他们打造了一种全新的经济运转模式，创造了一个时代的繁荣昌盛。他们的存在影响了一次次的时代金融变革，但沉默和神秘早已成为他们的标签，任凭时间流逝，他们始终隐藏在沉默当中，但他们光彩夺目的胆识，强大的智慧和经济实力，却永远不会被磨灭，并且在历史的长河中被洗涤冲磨得更加艳丽。

罗斯柴尔德家族行事低调，不喜喧闹，而且令人捉摸不透。他们就如世界金融界中的星烁，沉默不语却又闪耀明亮，让人不可忽视。沉默是谨慎小心的表现，在巨大的假象当中，掩饰了真实的野心、才华、声望、实力。这种甘为愚钝、甘为弱者的沉默做人术，实际上是精于算计的最好隐藏方式。只有不声张，善于掩饰，才能不让自己的计划轻易显露。因此，真正厉害的人大多是沉默的，他们不为娱乐大众而存在，他们永远是幕后的指挥者，运筹帷幄，决胜于千里之外。

**犹太智慧羊皮卷：学习沉默的智慧**

“明言轻蔑什么人并不是真正的轻蔑，唯沉默是最高的轻蔑，因为最高的轻蔑是无言的。”这番话正像是内森以沉默应对股票市场里骚动的人群，当内森走进股票交易所时，他毫无表情，只有一张高深莫测的脸，他用沉默打败了所有人。

学会沉默，学会控制舌头，便掌握了沉默的智慧。《圣经》上说：“舌头在百体里是最小的，却能说大话。最小的火能点着最大的树林，舌头就是火，在我们百体中，舌头是个罪恶的世界，能污秽全身，也能把生命的轮子点起来，而且是从地狱里点着的。”犹太人相信，沉默忍耐的人，是被上帝称作有福的、管住舌头的人，必将获得智慧。

# 要幽默，但绝不能滑稽
## ——卓别林的幽默尺度

犹太人是乐观的，亦是幽默的，他们能够坦然面对各种困境，在苦难中发掘人生的意义，有勇气带着微笑面对所有的苦难。然而，在他们的字典里，幽默不等于滑稽。适度的幽默是自我的调节，但是一定要把握好幽默的尺度。而现实中就有这样一个能够把握好“幽默之度”的犹太人，他用他的成功诠释了这个道理。

他就是卓别林。他带给人们的是欢笑，同时他也告诉了全世界，什么是幽默，什么是尊严，什么是努力，什么是成功！

**用别具一格的幽默姿态赢得掌声**

1889 年，卓别林出生于英国伦敦南部地区的一个演艺家庭，父母都是表演艺人。在他很小的时候，父母就开始分居，卓别林与他的弟弟查理随母亲生活。1896 年母亲失业，兄弟两人被送入伦敦的一个少年感化院，几周后他们又被送入一个收养孤儿的学校。在卓别林 12 岁半时，父亲酗酒去世，母亲患上精神病。因父亲早逝，母亲又患神经病，年幼的卓别林被送进贫民孤儿学校。7 年后，他离开了孤儿学校，成了一名受人歧视的流浪儿。

卓别林当过报童、杂货店小伙计、玩具小贩、医生的小佣人、吹玻璃的小工人，还在游艺场扫过地。17 岁时，卓别林进入了当时非常有名的卡尔诺剧团。在这里，卓别林遇到了使他终生受益的良师卡尔诺。正是卡尔诺把卓别林带进了喜剧表演的世界。

也许是因为童年的颠沛流离，才使得他早早体会到众生百态，这也为他日后的创作题材提供了不少灵感。早年的贫困生活启发了他后来创造流浪汉的灵感：小胡须、细手杖、大号裤子及皮鞋，以及歪歪扭扭的晚礼服，暗示了在儿童天真的想象中威严的成人形象，同时也用一个经典造型重新塑造了下层阶级的形象。

卓别林在流浪的岁月中见过各种各样的人物，有上流社会的有钱人，也有生活在底层的普通百姓。他发觉并不是只有他一个人生活在苦难当中，似乎在当时那样的社会中，即便有钱人也同样活得不快乐。这些观察和思考给他很多启发，他渐渐明白：人生或许是由苦难构成，当人们可以用微笑面对苦难时，便是人生的赢家。

于是，他在剧团表演当中使用一种黑色幽默让观众在捧腹大笑之余，眼角也常常闪现泪痕。卓别林在生活的实践中捕捉到了人性中柔软的一面，他的幽默表演总能触动人们内心深处的敏感之弦，让人痛快地笑，让人痛快地哭。他的表演俘获了所有人的心，不分阶级，不分地位，每个人都被他独具一格的幽默震撼。

**摆脱低俗滑稽的风格，走向深刻**

在卡尔诺剧团，卓别林有很多机会可以参加巡回演出，他很希望能去美国当演员。1912 年，卓别林终于梦想成真，他得以在美国演出，并且非常轰动，以至于引起美国电影制片商的兴趣。当时，启斯东公司的老板赛纳特一眼就相中了这个来自异国他乡的青年。此后，卓别林开始了向往已久的演员生活。但是，卓别林在启斯东扮演的角色，多半是凶狠的、轻浮的、散漫的、狡猾的和丑陋的。这些人物符合公司的“理想角色”标准，但和卓别林独具一格的整套喜剧手法很不协调。

当时的大多数观众都将幽默等同于滑稽表演，尤其是低俗粗野的滑稽风格受到普遍欢迎。演员如同小丑一般，用一些滑稽可笑的表达方式引来观众的哄堂大笑。但卓别林拥有真正艺术家的天性，他越来越意识到，幽默是一种真正的艺术表达方式，幽默对于每个人来说都有特殊的意义。他开始从早期的滑稽电影中摆脱出来，尝试把严肃题材和喜剧表演手法巧妙地结合起来。

1918 年，卓别林出演电影《狗的生涯》，这是一部对现实充满讽刺的影片，卓别林的出色表演将影片的幽默层次提升到新的境界。在影片中，他用反思的表演手法代替了嬉笑，用忧郁感代替了嘲笑，他彻底摆脱了已经滥用的低级趣味，以发人深省的幽默方式代替了纯生理上的滑稽逗乐。

卓别林塑造了“不朽的流浪者”夏尔洛，他露宿街头，处处受辱，当他从职业介绍所碰壁，狼狈地走在大街上，茫然地看见几只狗正在争夺一块骨头。这令人辛酸的一幕正是残酷人生的真实写照，也是卓别林早期生活的真实写照。卓别林力图通过生动感人的表演反映真实的时代特征。他说，创作幽默喜剧，其中的悲剧因素往往会激起嘲弄的心理，而嘲弄正是一种反抗。

从 1919 年开始，卓别林名声大噪，他开始尝试独立制片，此后一共出演 80 余部喜剧片，其中在电影史上著名的影片有《淘金记》、《城市之光》、《摩登时代》、《大独裁者》、《凡尔杜先生》、《舞台生涯》等。这些影片反映了卓别林从一个普通演员发展为一位伟大的批判现实主义艺术大师的过程。卓别林曾经因电影《马戏团》和《爵士歌手》两次获得奥斯卡荣誉奖。

在卓别林精湛的表演中，他经常对下层劳动者寄予深切同情，对资本主义社会的种种弊端进行辛辣的讽刺，对希特勒进行了无情的鞭笞。为此，1952 年，他受到麦卡锡主义的迫害，被迫离开美国，随后定居瑞士。在瑞士期间，他拍摄了尖锐讽刺麦卡锡主义的影片《一个国王在纽约》。1972 年，美国隆重邀请卓别林回到好莱坞，并授予他奥斯卡终身成就奖，称他“在本世纪为电影艺术做出不可磨灭的贡献”。当卓别林重返美国接受奥斯卡奖项时，在明星群聚的会场内，观众全体起立，整整鼓掌了五分钟，这是奥斯卡历史上最长时间的起立致敬。

1977 年圣诞节，身体强健的卓别林在瑞士科西耶设鸡尾酒宴，与亲朋好友欢聚。席间，卓别林开怀畅饮，谈笑风生。酒后，卓别林无法入睡，就服用了几片安眠药。第二天，家人发现卓别林“一睡不醒”，享年 88 岁。世界电影史上顶级的幽默大师离开了人世，但他对电影发展的贡献，以及他开创的深度幽默却永远被人铭记。

**犹太智慧羊皮卷：深刻的幽默是一种智慧**

幽默是一种超然的智慧，也是一种大无畏的勇气。它的背后是对现实生活的反思，以及面对苦难人生的乐观态度。卓别林的一生几乎都充满了悲苦和颠沛流离，但他对生命从未绝望过，而是用一种深刻的幽默态度，微笑地面对惨淡人生。

肥裤子、破礼帽、小胡子、大头鞋，再加上一根从来都不离手的细拐杖，卓别林用他的表情和动作将美国幽默片推向了最高峰，不仅给世界电影史塑造了一个经典形象，也以直观的方式阐释自己对幽默智慧的理解。这位喜剧幽默大师，为世人带来的不仅仅是感动，还有深刻的沉思。卓别林的人生经历告诉世人，苦难的生命中不能缺乏幽默，幽默不是浅薄逗乐的滑稽，不是毫无意义的嬉笑与玩闹，更不是以粗鄙和庸俗来赢得掌声。幽默是深思与成熟的表现，可以让人在困苦艰难面前勇敢地直面人生。

# 只与你认为值得的人交往
## ——斯皮尔伯格与卢卡斯

犹太人认为，与人交往，要和自己认为值得的人交往。那么，什么样的人值得交往？是对自己好的人吗？是对自己有用的人吗？是能从其身上学到优点的人吗？在如今的社会，“朋友”逐渐被“人脉”所取代，友谊甚至成为彼此利用的代名词。人们为了寻找成功的捷径，往往趋向攀附位高权重的人，不在乎对方的人品，更不在乎是否志同道合。事实上，交友的基础是共同的爱好与兴趣，两人有同样的奋斗目标，理解彼此的心声，愿意在奋斗的道路上相携互助，这样才能结成真正的朋友。值得交往的朋友，应该是知己、良师，是道德上的引导者，是事业上的鼓舞者，是生活上的协助者。

斯皮尔伯格和卢卡斯，这一对家喻户晓的知己好友，在事业和生活上共同奋进，成为一生彼此值得交往的朋友。史蒂文·斯皮尔伯格是好莱坞著名的电影导演编剧和制作人，他曾拍摄过《大白鲨》、《侏罗纪公园》、《辛德勒的名单》、《夺宝奇兵》系列等作品，不仅赢得了惊人的票房，而且多次荣获奥斯卡最佳影片、最佳导演大奖。乔治·卢卡斯是美国著名导演、制片人、编剧，他执导的影片《星球大战》获得了奥斯卡七项大奖，还获得美国电影协会颁发的终身成就奖。他们两人的友谊与合作，就如同海与天的完美契合，震撼了整个电影世界。

**与志趣相同的人交往**

早在少年时代，斯皮尔伯格已经和他的朋友开始制作一些冒险电影。12岁生日那天，父亲送了他一架袖珍摄影机，这使他对拍电影更为着迷。斯皮尔伯格的骨子里流淌着犹太人执着而喜欢冒险的血液，他三次申请进入电影学校，但都因为糟糕的C等成绩而被拒之门外。斯皮尔伯格十几岁的时候，看到加州电影院一个叫乔治·卢卡斯的学生拍摄一部科幻短片，他当时有些担心："这小子会不会比我先出名。"果然，在斯皮尔伯格尚未崭露头角时，卢卡斯就已经获得了赞助，拍摄了反映20世纪50年代青年生活的《美国涂鸦》，并一举成名。

斯皮尔伯格深受刺激和鼓舞，他认为自己也可以成为好莱坞的天才。很快，他的梦想实现了，他成功地拍摄了《大白鲨》，获得了举世瞩目的惊人票房。从此，在好莱坞没有人能够怀疑斯皮尔伯格在电影方面的天赋，但斯皮尔伯格是个性格复杂的人，所以他在电影圈朋友极少。斯皮尔伯格极度敏感，像孩子一般任性，时而无比精明强干，时而笨手笨脚，把日常生活搞得一团糟。他时常表现出一种内向自卑的情绪，喜欢把自己反锁在房间里不见人。而卢卡斯内向老成，拥有修道士般的沉默性情，整日面无表情，不愿意跟人打交道，被称为是"世界上最孤独的导演"。

这样性格古怪孤僻的两个人，却都喜欢拍摄冒险科幻类电影，而且他们同样拥有开创意识和理想主义精神，都对电影有着超凡的想象力和勇往直前的执着。在《大白鲨》公映不久之后，斯皮尔伯格和卢卡斯一拍即合，结为知音好友，在《星球大战》和《第三次接触》拍摄期间，他们经常交换脚本的看法，比赛谁的特技镜头更多、构思更高超。1977年，两人在夏威夷一家饭店前的沙滩上讨论《星球大战》剧本，他们旁若无人地大叫大笑，头发凌乱，手舞足蹈，令过往的人都侧目。他们一起努力完成的《星球大战》，在

1978年荣获奥斯卡七项大奖，并获得了巨额的票房奇迹。

随后二人又合力推出了《印第安那·琼斯》，那种既合作又竞争的关系更为明显，周围的人不得不佩服两个电影天才的联合与碰撞，因为他们的理念只有彼此才懂。在很长一段时间内，整个电影竞技场几乎成为两个人联合称霸的天下。然而就在事业的巅峰期，卢卡斯家庭破裂，随后斯皮尔伯格也离婚了，两人同时沉默蛰伏了一段时间。

好莱坞从来不缺乏天才，而且影片风格的更新换代非常迅速，当人们逐渐忘记了斯皮尔伯格和卢卡斯的辉煌之时，两人突然再次回到了好莱坞。卢卡斯在振作以后成立了特技公司，两人又一次联手合作《侏罗纪公园》系列，在让全球观众大饱眼福的同时，也让他们的事业再次大放异彩。

斯皮尔伯格和卢卡斯之间的友情，是一种知己似的惺惺相惜，两人配合默契，都在用自身的能量激发着对方的创造潜力。他们特立独行，思维另类，很少有人能理解和支持他们。当一个人的事业攀登到顶峰的时候，往往高处不胜寒，很难得到多数人的友情，所以，天才都是孤独的。而斯皮尔伯格和卢卡斯这两位天才，却因志同道合而结成难得的友谊。事实上，天才之间的情谊往往可以超越名利和凡俗，“不畏浮云遮望眼，只缘身在最高层”。当两人携手站在成功的峰顶，因为有彼此的理解和欣赏，便可以不在意任何人的眼光，可以一起仰天长笑。

**与有相同信仰的人交往**

所谓值得交往的人，必定是拥有相同信仰的人。斯皮尔伯格与卢卡斯因对电影有着同样的理念与认识，他们有共同的梦想，并且一步步朝着梦想勇往直前。他们从少年时代开始，就已经打算为所热爱的电影事业做一生的努力。

斯皮尔伯格是犹太人，拥有犹太人经商赚钱的头脑，同时也拥有犹太人的理性智慧和一腔热血。他不仅用《大白鲨》《E.T.》等商业片创造了好莱坞票房纪录，也用《辛德勒名单》、《拯救大兵瑞恩》等影片传达了犹太人对战争与人性的反思。斯皮尔伯格的信仰中充满着犹太人的智慧，他拥有两个完整的世界，一个充满智慧和理性，一个充满幻想和绚烂。他的电影中充满童真、好奇心、乐观，这与卢卡斯的电影理念不谋而合，正是这些坚定的信仰，使两人在坎坷当中也能互相鼓舞支持。

卢卡斯曾回忆说："当初我拍《星球大战》的时候，好莱坞所有人都说，这原本是迪斯尼的片子。"在那个时代，大多数人都不看好科幻类型的电影，认为题材十分简单幼稚，但纵观卢卡斯的一生，他对电影的主要贡献都在科幻特技的制作上。虽然周围充满了怀疑的目光和言语，但卢卡斯终身都没有放弃过自己的坚定信念。幸而有斯皮尔伯格这位好友的理解，当拍完《星球大战》，卢卡斯自己对这部片子也没多少信心，只有斯皮尔伯格全力支持，并且相信此片一定会获得成功。

1977 年初，卢卡斯刚完成他的《星球大战》，便立刻马不停蹄地从伦敦片场赶到阿拉巴马州，那里是斯皮尔伯格《第三类接触》的片场。卢卡斯对斯皮尔伯格说的第一句话就是抱怨连连："我终于拍完这个大片，这简直是一场噩梦，今后恐怕我只能拍深奥的小制作影片。"斯皮尔伯格笑着对他说："乔治，我们还在期待你的下一部大片呢。"事实证明，斯皮尔伯格的看法是正确的，《星球大战》系列的巨大成功向全世界证明了这是一位电影界的特异天才。

在好莱坞，很多人认为天才的斯皮尔伯格性情古怪，不容易相处，斯皮尔伯格也承认这一点，但他说道："我和卢卡斯从 1967 年开始就是好朋友，到现在为止，已经有 30 多年，我们从来没吵过架，更没打过架，这算是我生命中最长的友谊。"若是拥有坚定的信仰，人的生命便充满了丰富的色彩和魅力，必然也会吸引拥有同样信仰的人的真挚友情。斯皮尔伯格和卢卡斯多年稳固的友谊，正是相同信仰的契合，使得两人能够彼此理解，共同携手前行。

**与道德高尚的人交往**

斯皮尔伯格和卢卡斯在好莱坞和电影界的影响力巨大，不仅是因为两个人的天才表现，更因为他们的道德操守和行善助人的精神。斯皮尔伯格是一个犹太人，他在日常行为和电影中都表现出犹太人实现自身价值的崇高精神。在犹太人的传统道德观念中，人生的最高价值在于帮助全人类过上和平、自由、幸福的生活。因此，犹太人的经商头脑往往与助人相结合，认为助人便是自助，尽力满足他人的需求，自己也会获得相应的回报。

斯皮尔伯格一生执迷于宇宙空间和科学技术，他的终身目标不是赚钱发财，而是用电影艺术表现出对人类智慧的赞美，以及对未来人类的乐观态度。他的影片中充满了对邪恶、无知、残暴的反抗，经常显露出童心一般的温暖与乐观。1991 年，斯皮尔伯格成立了一个明星基金会，通过科技的运用，改善患病儿童的生活，其资助的项目集中在娱乐和教育两个方面。他希望患病儿童也能够像其他孩子一样，在快乐和知识中健康成长。

卢卡斯与斯皮尔伯格一样，他的人生目标是要实现自身价值。卢卡斯非常关注教育和患病儿童，成名之后为母校南加州大学捐赠了 175 万美元，此后又为多个电影慈善基金会、癌症治疗基金会、疾病康复捐助基金会捐助大笔资金。2010 年，乔治·卢卡斯对外声明自己对于慈善事业的承诺：“我将贡献出我的大部分财产，来改善教育事业。因为教育是人类生存的关键，我们必须为这个目标迈出坚实的第一步。我希望通过自己的努力，让孩子们认识社会，懂得情感的重要。” 2012 年，卢卡斯获得了迪士尼收购卢卡斯影业的 40.5 亿美元款项，但他并不指望这笔钱养老，而是用这笔钱捐助美国的教育产业，并建立了一个以“乔治·卢卡斯”为名的慈善教育基金会。

中国古人曾说："吾为知己者死。"人的品格是否高洁，志趣是否相同，这是交友的基本标准。现代人交友很容易以金钱、外貌、背景为准则，但事实上，真正的友谊既可以同享富贵，也可以同赴患难，只有品格高尚的人，才不会为了名利地位而背叛友谊和理想。

**犹太智慧羊皮卷：选准值得交往的人，才能结成永恒的友谊**

人生富贵可求，地位可攀，但却难得一知己，很多天才人物一生苦苦自歌自吟，却未见有几个真正理解的人。这既是天才的悲剧，也是友情的悲剧。斯皮尔伯格与卢卡斯是幸运的，因为在他们天才奋斗的道路上，有彼此相知相携，在共同信念和梦想的支撑之下，两人都实现了最初的愿望，达到了事业的登峰。

斯皮尔伯格和卢卡斯一生真诚以待，他们在思想上有过激烈的争论和摩擦，但他们的友谊却几乎是争吵出来的。当周围所有人都怀疑他们的理念和目标，两人却肩并肩携手作战，在制作电影的路途上互帮互助、互相扶持，在对方各自的眼中，彼此就是最值得交往的人。

友谊像清晨的露珠一样纯洁，奉承和谄媚并不能得到友谊，有共同兴趣爱好，有同样坚定的信仰，有同样的道德准则，这样的两个人，彼此才有可能结成坚固不变的友谊。真正的友谊，从任何角度看都不扭曲，都不变色，它永远是带刺的玫瑰，芬芳、美丽、独特。在纸醉金迷中，在花团锦簇中是遇不到真正的友谊的，只有在坎坷的前行道路上，在深陷污泥的苦难中，在努力奋斗的梦想中，才会遇到同样的伙伴，那些才是值得交往的人。

很快，她的作品在南非遭到查禁，遭禁时间长达十余年之久。但戈迪默并没有屈服低头，许多人暗示她只要愿意创作一些无关痛痒的文艺类小说，不仅能获得可观的收入，还可以得到南非政权的认可和支持。但戈迪默对此不屑一顾，她是一名犹太人，骨子里天生带有自尊心和独立思想，她不会为了名利诱惑而向邪恶低头。

作品在南非遭禁并不能阻止戈迪默在其他国家出版作品。1971 年，戈迪默在美国出版短篇小说集《利文斯通的伙伴们》、长篇小说《贵宾》。《贵宾》中描述了白人与黑人之间残酷的竞争与矛盾，引起出版界的重视，并获得詹姆斯·泰特·布莱克纪念奖。1974 年，她的长篇小说《自然资源保护论者》获得布克文学奖，此后又获法兰西国际文学大金鹰奖等。她的小说言语犀利、思想活跃、见解独到，对社会现实有着敏锐的嗅觉和洞察力。她的很多小说作品涉及政治和种族之间的敏感问题，令南非种族隔离问题暴露出来，引来很多南非政客的不满和仇恨。

不管创作环境如何恶劣，戈迪默却一直坚持她的信念。从 1979 年到 1990 年，随着年龄的增长，她的经历也在不断丰富，对现实问题的看法有了更加深刻的剖析和阐释，她出版长篇小说《博格的女儿》、《七月的人民》、《大自然的游戏》、《我儿子的故事》等，描写南非共产主义运动，以及弱势种族的顽强抗争等，虽然有些小说遭到禁止，但这些了不起的创作成就仍然为她带来了至高的荣誉。1990 年，戈迪默参加非洲人国民大会组织，将她的文学作品献给南非人民，这是她“多年来与之共同斗争”的结果。1991 年，戈迪默获得诺贝尔文学奖。

在获得诺贝尔文学奖之前的近 10 年中，她的名字一直排在候选人之列，每年结果揭晓之前，总有记者打电话问她：“你已经排上名了，很可能将获诺贝尔奖，请问你有什么感想?” 她总是淡淡地告诉对方：“如果我得了奖，我会告诉你的，再见！”在戈迪默的心里，是否获得诺贝尔文学奖并不是最重要的，她希望全世界所有处于压迫和歧视的种族和人群都能看到她的作品，能从她的文字中获得抗争的力量。

最终戈迪默获得了诺贝尔奖，当时她在美国领奖之后就急匆匆地回到南非。那时的南非总统是德克勒克，在戈迪默获奖之后，南非总统并不高兴，而且对她没有任何祝贺之辞。戈迪默是诺贝尔文学奖设立以来第一位女作家，也是整个非洲的第二位获奖者，但因为她反对种族隔离制度，又是“非洲人国民大会”组织的成员，因此没有获得来自南非总统和各级领导人的祝贺。但是一切遭受苦难的南非人民不会忘记她，他们在戈迪默精神力量的鼓舞下，始终为实现种族平等而努力奋战。

**犹太智慧羊皮卷：始终做自己认为正确的事**

2014 年 7 月 13 日，诺贝尔文学奖得主、南非女作家纳丁·戈迪默去世，享年 90 岁。她在睡梦中平静地离开人世，但她为人类自由平等而做出的努力却永远留在世人心中。

纳丁·戈迪默一生荣誉无数，不仅在文学上的成就不可磨灭，而且在人类解放运动上也做出了重大贡献。对戈迪默而言，最自豪和最骄傲的不是摘取诺贝尔文学奖的桂冠，而是在 1986 年出庭作证，使 22 名“非洲人国民大会组织”的成员免于死刑。曼德拉在 1990 年出狱时，最想见到的人便是戈迪默。这位勇敢的女斗士，了不起的女作家，是曼德拉心目中的伟大英雄，国际社会则把戈迪默称之为“南非的良心”。

作为一名犹太人，纳丁·戈迪默并没有狭隘的民族主义观念，她的一生不仅关注犹太人的种族隔离问题，也关心所有被压迫的种族命运。她作为一位女性作家，没有选择用优美的文笔描写风花雪月的浪漫，而是将笔杆子作为反抗欺压，争取尊严的利器。戈迪默的成功不仅在于她的文学创作，还在于她悲天悯人的同情心，犹如母爱一般的温情与关怀。她长篇小说的写作技巧已超乎寻常，但她坚韧高贵的品格更是为全人类树立了典范。

戈迪默的作品长期遭禁，她个人也只能远离南非的故土，在异国他乡生活，但她从未在信念上有过一丝动摇，从未在罪恶面前低下高贵的头。人生的可贵之处在于坚持正义的信念，人的一生始终做自己认为正确的事，不向邪恶屈服，那么不管名利如何、地位如何，都将是成功的人生。

# Part 7

# 生活之道：在理想与现实中寻找幸福

世界上有三种人，一种人促使事情发生，一种人看着事情发生，一种人不知道事情发生。三种人代表了三种人生态度，构成了三种生活方式。积极向上的犹太民族永远要做第一种人，他们拥有美好的理想，也具备面对现实的勇气。追求理想的目的，便是为了成就现实的幸福。

理想对于人类来说，具有一种非凡的魅力，它既是充满遐思的，也是源于现实的。缺少理想的人生黯淡无光，远离现实的人生虚幻无常。真正的人生幸福，要为理想而成就现实，需要在理想和现实之间寻找精彩。生命十分短暂，生活之道是用理性指引方向，在感性中度过每一个真切的日子。人生因为有理想而变得珍贵，因为现实才能显出它的价值和意义。

# 正确对待所受的伤害

## ——卡夫卡与“受伤的苹果树”

《羊皮卷》中有这样一句话：“文化是一个民族的灵魂，如果灵魂消亡了，民族也就消亡了。”犹太文化的一个核心便是乐观坚强，积极奋进。大部分犹太人都拥有坚毅的性情和理智的头脑，当他们面对残酷的现实时，总能够发现乐观的一面，以坚强的态度正确看待所受的伤害。

知名的犹太作家弗兰兹·卡夫卡，是一位捷克小说作家，被誉为20世纪文学史上杰出的人物，现代文学的鼻祖。他的一生始终挣扎在伤痛和孤独中，可却能够以善良平和的心态面对世界。

**寂静成长，默然坚强**

1883年7月3日，卡夫卡出生在布拉格一个犹太商人家庭，他幼时的生活几乎是隔离性质的。一方面，由于他生活在民族矛盾和政治矛盾非常尖锐的奥匈帝国末期，布拉格的多数民族属于斯拉夫族，他同斯拉夫人没什么往来，他所受到的德语教育也无法与周围的人进行沟通与交流；另一方面，卡夫卡的父亲非常严厉，对儿子要求很高。在父亲的眼中，卡夫卡既敏感又懦弱，而且性格特别内向，这是一个失败者的特征。

因此父亲常常斥责他，这使得卡夫卡的性格越来越孤独敏感，通常他人无意的一句话，或一个不善的表情，都会引起他的再三思虑。他时刻遭受心灵的熬煎，因此他经常感觉受到了伤害。1901 年，18 岁的卡夫卡进入布拉格大学攻读日耳曼语言文学，他自小爱好文学，在大学期间便开始进行文学创作。

但是他的父亲认为学习文学会让他更加自闭，于是让卡夫卡改学法学，将来成为一个颇具胆识和口才的律师或者法官。卡夫卡不敢反对父亲，他逆来顺受地妥协了，从文学转到法学，并于 1906 年取得法学博士学位。但是在私下里，他仍然偷偷坚持写作，以独特的视角和方法看待这个世界。

毕业后的两年内，卡夫卡换了几个工作都不如意。1908 年，他进入布拉格一家半官方的工伤保险公司工作。此时的卡夫卡已经对城市生活极度厌烦，他虽然订了婚，却因为担心害怕，所以主动解除了婚约。父亲对他很失望，认为他是一个失败者。随后卡夫卡去了祖父的农场，打算成为一名农夫，在农场安静地过完下半生。

卡夫卡向祖父抱怨，诉说内心的苦闷和烦恼，而祖父在认真倾听之后，领他去苹果园中转了转。祖父带他来到了一棵苹果树前对他说，这棵树六年前种下，如今已经枝叶颓败，主干折断。卡夫卡发现，虽然它比周围的果树高，但是主干却很细，并且旁枝很多，所结的果实又少又小。祖父慨叹道："当时由于心软，不忍让它受伤，所以任由它不断向上生长，结果昨夜一场暴风雨，将它折断了。"

祖父又带卡夫卡来到另一棵果树前，说道："这棵树种下去第一年，我就将主干折断，还不断剪枝压枝，到第三年便结果了。可就在去年，我剪枝过多，万万没想到，它竟然不再发芽而且很快枯死了。"祖父又指着旁边另一棵果树说："它与这棵树遭到了相同的伤害，可是却勇敢的活了下来，把营养与力量都输送给了果实，如今已变得高大粗壮、枝繁叶茂、硕果累累。"

祖父用三棵果树的故事告诉卡夫卡，人生在经历了挫折与伤害之后，依然能激发生命中深层次的东西，只有不抱怨、不自怜自伤，好像第三棵苹果树那样，集中力量和营养在开花结果上，生命才能散发出迷人的馨香！

**解除困惑，转移注意力**

犹太人的箴言说：“一个人怎么看待自己，决定他的命运，指向他的归宿。每个人的未来都是这样，当乐观进取的思想注入其中，它便光明起来。不管生命多么卑微，都要勇敢的面对生活，不要逃避，不要用恶语诅咒它。”卡夫卡从祖父的苹果树启示中受到深刻教育，他开始正视自己所受的伤害，不再顾影自怜、哀怨丛生，从此找到了自己的人生方向，全身心投入到文学创作上。

卡夫卡尝试用表现主义作为创作风格，虽然他的作品展现了对社会的陌生感、孤独感、疏离感、恐惧感，并且这些均成为他创作的永恒主题。可是在现实生活中，卡夫卡的性情逐渐变得温和，并且以一颗善良的心与周围的世界相处，开始尝试与他人交朋友。1917 年，卡夫卡患上肺病无法上班，他利用病休的空闲机会游历欧洲，不但开阔了眼界和心胸，还对世界与人生有了全新的领悟和看法。

1922 年，卡夫卡决定彻底病休，不再返回工作岗位，专心创作他的文学作品。在这期间，他整理了以前创作的小说，提升了写作手法，采用荒诞变形的形象和象征直觉来描述世界。他的小说取得了非凡的成就，最终让他成为了西方现代派文学发展史上的一代宗师和探险者。

1924 年 6 月 3 日，卡夫卡病逝于维也纳附近的疗养院，享年 41 岁。卡夫卡短暂的一生充满了不幸。身为犹太人，卡夫卡自幼被充斥敌意的环境包围，让他养成了既敏感又孤独的性格。他曾经订过三次婚，可是都因害怕无法走进他人的世界而主动解除婚约，至死也未成家。

卡夫卡的小说作品时常抒发个人的绝望与孤立，但是他却选择做一个友善平和的人，对社会动荡和一切不公抱着理性审视的态度，以善意的心态对待一切。受伤的苹果树给予他启示：人的成长一定会遭受到伤害。面对伤害，必须要有勇气、有毅力，不怕苦难，踏过充满崎岖和荆棘的道路，最终必能取得自己想要的成就。

在犹太人眼中，人生是自己的，而非别人的。自己感觉到风吹，风才在吹，只有将自己放在宇宙当中，宇宙才存在。如果集中力量去思虑痛苦，那么痛苦就会被放大。所有嘲笑、诬蔑和打击，或许要一并承受，但是心里却应该彻底放下，因为人生有更重要的事情要做，相较于成就梦想和目标，伤害根本算不了什么。

**犹太智慧羊皮卷：内心坦然，直视伤害**

卡夫卡曾说过："为了我的写作，我需要孤独，不是像一个隐居者，仅仅这样是不够的，而是像一个死人。写作在这个意义上是一种更酣的睡眠，即死亡，正如人们不会也不能够把死人从坟墓中拉出来一样，也不可能在夜里把我从写字台边拉开。"由此看出，卡夫卡非常热爱他的写作。他可以将常人追求的一切，例如金钱、地位、美色、婚姻等等，统统都视作无物。

卡夫卡认为，生命是为古老而伟大的事业心甘情愿贡献上祭品，他不断地创作，又不断地毁掉自己的作品，完全是为了追求完美，追求人生的真正价值。临终前的卡夫卡在病床上十分坦然，他面带微笑，并没有惧怕死亡，而是心情平静地将死亡当做一种愉快的解脱。

卡夫卡是世界文学史上的一个异数，他虽然是犹太人，但不愿做本国和本民族的代言人，只想站在一个客观者的角度去观察整个世界。他直视内心的追求，将所有坎坷和伤害都变成生命的恩赐。对于卡夫卡来说，世上没有十全十美的人生，正因为人生存在缺憾，努力和奋斗才具有非凡意义。

# 人生关键之处需要勇气
## ——音乐家勋伯格不走寻常路

犹太人时常告诉自己的孩子："站在原地太久，总需要往前走一走，才会看到不同的风景。"遇到不同的路口，不要畏惧前方的未知，宽阔的大路走的人多，但成功的机会很少，狭窄的小路走的人少，但或许会在路途中充满惊喜。人生当中总要走一次不寻常的路，需要付出莫大的勇气才能稳步前行。

曾经有一位不走寻常路的奥地利作曲家，他是音乐教育家和音乐理论家，被称为西方现代主义音乐的代表人物，"表现主义"乐派的灵魂作曲家。他便是著名的阿诺尔德·勋伯格，一位敢于独辟蹊径的犹太人，凭借自己的勇气在音乐的道路上越走越辉煌。

**勇气是行动之始**

1874 年 9 月 13 日，阿诺尔德·勋伯格于出生于维也纳的一个犹太人家庭中。勋伯格自幼家境贫寒，但他从小在音乐方面表现出过人的天赋，对音乐的喜爱达到了痴迷的程度。家里没有经济实力让他去学习音乐，但贫困的环境无法阻止他热爱音乐和学习音乐的决心。勋伯格日以继夜地琢磨音乐曲谱，从八岁开始自学小提琴和大提琴，想尽各种办法去听音乐会和歌剧，以便从中得到音乐的灵感和熏陶。

19 世纪中后期，穷苦人家的孩子大多无法进入学校读书，他们很早就开始做各种杂工，赚钱贴补家用。因此当勋伯格如饥似渴自学音乐时，周围的人对他的行为无法理解，搞音乐看起来是既无前途又不能赚钱的不务正业。然而，勋伯格却坚持选择了这条看起来与众不同的发展道路，尽管这条路注定充满坎坷和障碍，但他仍然鼓起勇气，努力去实现它。

勋伯格自小的梦想是成为一名伟大的作曲家，可就他的生活环境来看，这简直就是天方夜谭。在他 16 岁时，父亲因病去世，家中的经济状况日益困窘。迫于压力，他四处寻找工作，最后在一家银行当一名普通办事员。在缓解经济窘迫的同时，他从未放弃过音乐梦想，时刻关注和音乐相关的人和事，一旦有机会就去聆听歌剧音乐会。

机遇总是青睐有心之人，有一次偶然的机会，他结识了作曲家亚历山大·策姆林斯基，这位作曲家对勋伯格的音乐天赋非常欣赏，很乐意教他音乐理论中的“对位法”。尽管勋伯格只学了几个月，但对于一个音乐天才来说，几个月的音乐知识教育足以令他成为一代著名作曲家。

勋伯格一生中受到的正规音乐教育就只有这几个月，而他的音乐创作之路也由此开始，所有的灵感和创作激情喷涌而发，很快就投入到音乐的创作生涯当中。1897 年，勋伯格 23 岁，他的处女作《D 大调弦乐四重奏》终于问世，顿时引起了一场巨大的轰动，音乐界开始关注这样一名自学成才的年轻人。很多音乐家和作曲家都很欣赏他的作品，欧洲的一些音乐学院也向他伸出了橄榄枝。

由于勋伯格不走寻常路的勇气，令他有机会将自己的天赋展示出来，为世人创作出优美动听的旋律。他的成功令周围很多人异常惊讶，这样一个家境贫寒的年轻人，过着朝不保夕的艰苦日子，每天坚持不断思考关注的事情竟然是音乐，这简直太不可思议了。1901 年，德国的斯顿音乐学院邀请他去任教，勋伯格放弃了养家糊口的琐碎工作，来到了柏林斯顿音乐学院，从此走上了与音乐相关的人生道路。

**用勇气摸索未知**

几年后，勋伯格回到维也纳，并在音乐学院担任了和声教师。勋伯格用勇气坚持自己喜爱的音乐，无论逆境还是顺境他一直坚守。第一次世界大战期间，他加入了奥地利的军队，战争中的生活充满苦难和不幸，但残酷的环境没有让他退缩，依然在战地中坚持音乐创作。当别人在炮弹轰炸中逃命时，他却在谱写乐曲。

勋伯格的音乐创作分为三个时期，风格差异非常明显。第一个时期称为调性时期，从 1897–1908 年，这时期的作品充满了德国晚期浪漫主义音乐的气息，主要受勃拉姆斯和瓦格纳的影响，但是并未彻底展现出勋伯格的个性。第二个时期是从 1908–1912 年，这段时期称作无调性时期，他从表现主义美学思想中汲取灵感，创作了一些无调性的作品，已带有的“勋伯格特点”，足以表明他是第一位放弃调性的作曲家。第三个时期为“十二音技法”时期，1920 年以后，勋伯格在无调性的基础上，找到了一种组织音乐材料的新方式，用半音阶中的 12 个音，自由组合成一个音列，形成了“十二音音乐”。

战争结束之后，很多人都选择薪水高的工作挣钱糊口，他却在收入微薄的柏林普鲁士艺术学院任教。虽然他未受过正统的音乐教育，可是他天生对音乐的敏感度，反而让他在创作中不受任何束缚，将音乐激情与天赋表现得淋漓尽致，并在教学当中展现出来。显然，勋伯格是一位十分具有创新精神的作曲家，但是很少有人能理解他的音乐创新。他的大多数作品都十分晦涩，充满了病态的心理或情绪，音乐语言风格怪诞、变形，甚至还发明了一种类似说话搭配歌唱的说白歌唱。还有他首创的“十二音体系”，令整个音乐界无法忍受，批评之声不断。但是，批评之外，赞扬之声也有，他的许多学生非常着迷于老师的音乐创新手法，在其影响之下，一大批“十二音体系”的年轻作曲家脱颖而出。他与学生贝尔格、威伯恩等被合称为“新维也纳乐派”，即后人所称的“表现主义”音乐流派。

勋伯格的音乐之路开始于勇气，他也带着这份勇气一直向前。他对音乐的热爱，并不只停留在欣赏与继承上，而是开拓出一条与众不同的创作道路，对传统音乐进行大胆的颠覆和超越。勋伯格打破了 19 世纪德国浪漫主义传统，创建了“序列主义”的音乐理论，将传统音乐推上现代音乐的轨道。尽管当时他不被理解，甚至还遭到唾骂，但正因为对音乐的热爱，才使他拥有难能可贵的勇气。勋伯格成功地对音乐进行了一场重大的、具有划时代意义的改革，影响了相当一批年轻的作曲家，让人们永远记住“勋伯格”这个名字。

1933 年，他远赴美国担任加利福尼亚大学的音乐教授，在思想活跃开放的美国，人们敬仰这位现代音乐的开创者，他的音乐作品获得很多好评。1941 年，勋伯格取得了美国国籍，便在美国定居下来，直至 1951 年去世。

“勇敢里面有天才、力量和魔法。”歌德的这句话似乎就是勋伯格一生的真实写照。勋伯格在贫穷和艰难之中没有随波逐流，而是选择了一条充满荆棘的道路，在这条不寻常的音乐道路上，他怀揣勇气和热情，对自幼的梦想不离不弃。他的音乐在轻蔑的目光和不理解的评价中逐渐变得强大，成为一个新时代的勇敢拓荒者。

**犹太智慧羊皮卷：勇气是开拓人生的法宝**

勋伯格一生以音乐作为灵魂伴侣，他相信每种音乐风格都代表作曲家的内心世界。世上没有完全一样的作曲家，所以音乐风格也不会千篇一律。他一生的抉择充满智慧，从不随波逐流，他对勇气尤为看重：“我不知道人们因为勇气得到了什么，但我相信人们一定能在勇气上有所收获。人生处处需要磨砺，关键时刻是勇气在保驾护航。”事实证明，一位充满勇气和热情的作曲家，在远离传统的同时，必然会建立起一个全新的音乐世界。勋伯格为音乐所付出的一切痛苦代价，都是值得的。

的确，人生的每一个抉择都需要勇气。勇气是行动的根基和制胜法宝，是突破自我，走向成功的关键。拥有勇气的人，一生走属于自己的不寻常之路，任别人怎样质疑否定，他们永不回头。困难和险阻在勇气面前显得微不足道，所有的成功者都知道，只有见过险峰中的美丽风景，才会留下令人惊艳的脚印。

# 懒惰或许会使你变得高效
## ——伍迪·艾伦坦然享受“懒惰”

有一位特立独行的犹太人这样认为，人生是一场享受的盛宴，有时懒惰就像催熟剂，能让人在有限的时间内完成高效的事情，而多余的时间就该坦然地享受成功的喜悦。

这位犹太人名叫伍迪·艾伦，他是美国电影导演、编剧、演员、作家、音乐家与剧作家。艾伦不仅能拍摄出独具风格的电影，而且还横跨戏剧、脱线性喜剧两界，更以快速拍摄电影著称。他一生凭借影片数量的高产，让他成为美国当世最受尊敬的导演之一。

**在懒惰中寻求高效**

1935 年 12 月 1 日，伍迪·艾伦出生在纽约市布鲁克林一个贫穷的犹太家庭，他原名艾伦·斯图尔特·科尼斯本，小时候的艾伦并不是一个认真读书的乖孩子，他的脑袋里充满了各种奇思妙想，与周围的世界格格不入。艾伦的家人希望他可以考上大学，毕业后找一份稳定体面的工作。可艾伦并不愿意这样，他喜欢自由地享受生活，喜欢嘻嘻哈哈开玩笑，讨厌每天坐在办公桌旁规规矩矩地工作，那样既没有创意，也不会产生太多价值。

在艾伦 15 岁时，开始尝试写一些小笑话，而且用伍迪·艾伦的笔名给报纸专栏投稿，他的笑话幽默俏皮，受到很多人的喜爱。随后他被推荐到广播电台，专门写广告、写笑话和俏皮话。这样的经历让艾伦对幽默喜剧产生兴趣。中学毕业后，他加入了“锡德·西则电视剧团”，凭借自己的搞笑天赋脱颖而出，担当剧团的喜剧演员，同时也为电视节目编写脚本。

艾伦的性格十分粗放，喜欢随性自由，而且生活懒散，常常在赚到一笔钱之后，就停止了工作，自由自在地去享受舒适的生活。他断断续续地给报刊专栏撰稿，但从来不写长篇大论的文章，因为他懒得去构思长文章，也不愿意花费时间和心思去打磨文章细节。他通常写稿的速度相当快，抓紧时间完成任务。

1961 年，艾伦不再从事撰稿工作，他觉得撰稿不够自由，而且编辑催稿也让他懒散的性格很难适应。他到格林威治村的小酒馆、夜总会和小剧场里参加演出，专门出演喜剧角色，他可以在舞台上自由任意发挥，赚到一点钱就去尽情享受生活。尽管艾伦的生活既散漫又懒惰，但他确实是一个创作天才，尤其在喜剧方面拥有非凡的天赋。1964 年，即将 30 岁的艾伦为电视台编写了《猫咪最近怎么样了》剧集，他亲自主演并取得成功。1966 年，艾伦的第一部舞台剧《别喝那水》在百老汇上演，再度获得轰动效应。1969 年，由他编剧并且主演的舞台剧《再弹一遍，萨姆》，使他获得了决定性的成功，为后来走上电影事业奠定了基础。

**懒惰成就独特风格**

艾伦编剧并主演的舞台剧赚了很多钱，商业效益非同凡响，有人说他的剧本如同一部印钞机，投资商只要坐等收钱就行了。电影界的商人们纷纷向他发出邀请，都想挖走这颗潜藏着无限商业价值的巨大钻石。艾伦终于有机会自导自演一部电影，从此开始了他的电影之路。

很快，艾伦在电影圈里风靡一时，但他的工作态度和作风让所有人大跌眼镜，他的电影创作和拍摄天马行空，甚至看起来十分随意。比如艾伦只在纽约、伦敦、巴黎等舒适的一线城市拍片，因为他随时要享受舒适奢华的生活；又比如他没有耐心重复拍同一场戏，所有的场景几乎都是一遍就过，甚至为了看晚上的体育比赛，他在天黑前就拍完当天所有的任务。

因此，很多人批评他态度不认真、懒散、儿戏，对电影不负责任等等。但他接受《外滩画报》记者采访时，却很满意自己的这些缺点："如果我不是那么懒，那我的作品也许会更好，但也不会有多棒。我不可能一下子跃到黑泽明那种高度，所以随心所欲就好。"因为懒得折腾细节，艾伦的电影经常自己包办编剧、导演，有时甚至懒得找合适的演员，自己披挂上阵出演角色。在创作题材和资源方面，他很少仔细斟酌研究，而是随意汲取文学、哲学、心理学、古希腊文化、犹太文化、欧洲文艺等元素和片断，很快就组合成一部新电影。在艾伦看来，电影就是娱乐大众的东西，懒得精雕细刻，随意就好。

正是因为这种懒惰又粗枝大叶的个性，艾伦不仅成为了一位多产的导演，而且还开拓了一种与众不同的个性风格，尤其在喜剧方面独树一帜。在他 50 多年的职业生涯中，总共拍摄过 45 部电影，大部分都是喜剧，包括《曼哈顿》、《汉娜姐妹》等许多经典影片。他曾经 23 次获得奥斯卡提名，三次获得奥斯卡编剧奖，一次获得奥斯卡最佳影片的导演奖，也曾 11 次获得金球奖导演和编剧奖的提名，并两次获得金球大奖。

**在懒惰中享受生活**

生活中艾伦是典型的居家男人，他在电影中常把自己描绘成一位焦躁的神经质患者，但在现实生活中，他特别享受居家男人的平凡世界。他说："我只是认为自己的人生应该充满享受的乐趣，像家庭、孩子、吹竖笛、篮球赛、棒球赛之类凡夫俗子的生活，比拍摄一部十全十美的电影更重要。为电影费尽心血太不值得，事实上，生活中有太多的事远比电影有趣多了。"

好莱坞的许多导演对影片精益求精，他们努力不懈，辛苦万分，就为了拍摄一部无可挑剔的经典好片，这些导演常常挥汗如雨地在镜头前折腾，为了拍一部好电影，有时候会在沙漠里待上一年，或者去荒芜偏僻的地方熬上几年。而在艾伦看来，这样的生活实在太傻了，他的导演工作就是“一收工就马上回家，尽情享受自己的生活”。伍迪·艾伦执导的电影叫好又叫座，不但给投资商赚到大笔的财富，也让自己的生活过得十分舒坦惬意。

伍迪·艾伦在生活中有许多根深蒂固的习惯。他每天起床后，都会在跑步机上跑上一阵，然后去浴室冲澡。家里虽然雇佣了厨师，但他始终亲自下厨做早餐，这样的日子可以保证他的身心健康，让他觉得生活很美好。他将这种快乐情绪带入到电影拍摄中，经常会萌发出令人开怀大笑的喜剧。当艾伦缺乏灵感的时候，就会将事情放一放，先沉浸在生活的享受当中，一直等到最后关头，才竭尽全力去完成任务。

艾伦说：“有时候当我把事情拖到最后一刻再做，总会效率百倍。”他认为这是懒散带来的效率，如果不是在最后一刻动手，就永远体会不到在火车驶出前一秒跳入车中的快感。拍电影的时候，艾伦从来不跟演员一遍一遍地说戏或排练，也不跟演员讨论究竟如何拍更好，他更喜欢在拍摄中随时迸发灵感，即兴发挥，往往会收获意料不到的效果。

他让演员们都放松心情，随心所欲就好，反正电影是一种随性的消遣娱乐艺术，没必要那么严肃死板。他经常鼓励演员，赞誉他们的表演：“是你们让我看起来还不错，你们有着不可思议的表现。”这种拍摄风格和随性的习惯从他早期的电影就形成了，所以在艾伦的片场中，气氛十分活跃轻松，导演和演员时常打成一片，经常一起开心说笑。艾伦说：“我不是完美主义者，我喜欢把什么东西都往银幕上填，然后看哪些能融合，哪些不能。”正是他的懒散性格和生活态度，让他成为一个具有消遣娱乐精神的导演，并且拍出具有诙谐幽默特色的喜剧电影。

在传统的犹太人眼中，懒惰是一种令人堕落的恶习，懒惰的人通常不会有什么成就。然而在伍迪·艾伦看来，“懒惰”却是一种高超的生存智慧，虽然他总是一副玩世不恭的态度，但这种自由随性、不拘泥原则的个性风格，使他的电影作品深得观众的欣赏和认同：“他的电影有一种不带技巧的美感，他是一个专注于好好讲故事的男人。”

**犹太智慧羊皮卷：在“懒惰”中追求梦想**

伍迪·艾伦相信，生活是事业的根基，也是一切创作灵感的来源，一个不懂得享受生活，不懂得体验生活的人，在事业上即便拼命努力，也只是一部高速运转而毫无创造力的机器。艾伦热爱生活，也享受生活，因此能从生活的点滴中感悟到事业的价值，并借此不断在电影创新上有所突破。

在繁忙的现代生活中，人们为了各自的成功努力奋斗，步履匆匆，却时常忽略身边的一些风景和趣事。生活过得乏味无趣，是现代人忙碌奔波的真实写照。人们似乎已经忘记，努力的初衷，以及成功的目的都是为了让生活更加美好。总有一些人会说，等以后有空闲时间了，我要去旅行、写作、漫步、下厨、种花……日子一天天过去，梦想中的空闲时间却永远不会到来。

艾伦用一种“懒惰”的方式展示出他的大智慧，他的“懒惰”是对生活的一种尊重和敬意，花三分钟能够完成的事情，他绝不会花 30 分钟去做。他知道世上很多事情即使耗费一生，也无法做到百分之百的完美。所以何必苛求呢，艾伦的“懒惰”既不会耽误工作，也不会错过享受美好的生活。对于智者来说，懒惰不一定使人堕落，它是一种充满智慧的生活方式，能够带来高效，也能够使人更加热爱生活。

# 让生活回归简单

## ——洛克菲勒退休后的日子

犹太人常说，人生的上半场是学业、事业、地位、金钱、荣誉、婚姻、子女等，下半场是轻松、快乐、健康、长寿。关键是能认识到上下场的区别，把握好上下场的转换。美国实业家、超级资本家，美孚石油公司创办者洛克菲勒，在他获得事业上的巨大成功之后，回归到简单的生活当中，用他的实际经历证实了他人生下半场的精彩和美好。

**被毁坏的健康**

洛克菲勒是美国家喻户晓的商业巨擘，曾经是人类近代史上首富，其发迹过程如同美国人整部奋斗史的缩影版本。约翰·洛克菲勒出生在美国东北部一个小村，他家境贫寒，从小就渴望赚钱。他幼年时曾将一对火鸡精心喂养成群，然后在集市上出售，12 岁时积蓄了 50 美元，并把钱借给邻居收取本息。在克利大兰商业学校毕业后，他担任一家运输公司的会计，仅三年便积蓄了 900 美元。他没参加过南北战争，却在战争中捞取了 1.7 万美元。23 岁时，他决定从事不会亏本的炼油业，24 岁时就与人合资建立了一家大炼油厂，赚到了大笔财富，把竞争者远远抛在后面。

这一切都展示出洛克菲勒急于获得财富的决心和勇气，但是由于从小在贫困的环境下长大，他积累财富十分不易，每赚到一笔钱都要在身体上付出一些代价。他年轻时肩膀又宽又壮，腰杆挺直，步伐稳健有力，然而到了53岁的壮年时期，他的双肩已经下垂，皮肤完全失去光泽，肌肉没有弹性，眼窝乌黑深陷，走路摇摇摆摆，看起来像是皮包骨头的穷困老头子。

中年时期的洛克菲勒经常失眠，胃病反复发作，身上的器官出了严重问题。但是他每天有做不完的工作，有无穷无尽的烦恼，他的精神始终保持紧绷状态。他的朋友说："除了生意上的好消息以外，没有任何事情能令他展颜欢笑。"洛克菲勒踌躇满志，全心全意追求自己的赚钱目标，每当他做成一笔生意，赚到一大笔钱时，他就高兴得把帽子摔在地上。但如果生意失败了，他就会焦虑得整晚睡不着觉，并且随之病倒。

到了50岁，洛克菲勒就已经是世界上最富有的人，却只吃连穷光蛋都不屑一顾的垃圾食物，他每周的收入是100万美元，而他的食物用两块钱就能解决。由于严重缺乏运动和休息，加上长期的不良生活习惯和饮食习惯，使洛克菲勒拖垮了身体，彻底失去了健康。他的身体状况越来越差，医生只准他吃酸牛奶和饼干。这时候他的金钱根本派不上用场，只能花大价钱维持医疗所需，让他不至于在壮年时期就离开人世。

烦恼、惊恐和高度紧张的生活，把洛克菲勒推到坟墓的边缘上。他一生都缺乏幽默感和安全感，他曾说："每天晚上，我一定要先提醒自己，我的成功也许只是暂时性的，然后才躺下来睡觉。"他已经拥有花不完的金钱，但仍然没有安全感，担心随时失去一切财富，这种忧虑和紧张严重影响了他的健康。

**生命的转折**

50多岁的洛克菲勒患上了一场又一场的大病，他最终不得不承认自己是一个凡人，不是精力永远旺盛的超人。随着种种疾病的侵袭，他的身体已经扛不住了，最初他试图隐瞒病情，以药物和治疗缓解病症。可是严重掉发、失眠和消化不良每日都在折磨着他，这让他几乎精神崩溃。最后，医生们向他摊牌，告诉他只有两种选择：要么放弃经营财富与烦恼，要么放弃生命。他必须在退休与死亡间做出选择。

洛克菲勒对这样的消息简直难以置信，他还有很多事业没有开展，庞大的集团公司也需要他的支撑，他很难忍受让大笔财富在眼前溜走。但是生命更为重要，如果失去了生命，就算有再多抱负也都毫无用处。经过再三的思虑之后，洛克菲勒选择了退休，这年他刚好 53 岁。

退休之后，他按照医生的要求做好三件事：一是避免忧虑，不能因任何事情而烦恼；二是放松心情，多做一些温和的户外运动；三是控制饮食，每顿只吃七分饱。洛克菲勒遵照医生的嘱咐，开始学习打高尔夫球，从事园艺，还常常同邻居们聊天、玩牌，甚至放声歌唱，随着音乐跳舞。

这样的退休生活既简单又朴实，让他非常开心。他花了很长时间克服掉忧虑和强迫症，让自己真正成为一个无忧无虑的人。如此一来，他的身体状况开始逐渐好转，很多病症消失了，他重新获得了新生。退休之后的简单生活让他明白了人生的真正意义，原来无止境的积累财富并不能让人获得安全感，也不能证明人生的真正价值。他认识了很多有才华、有创意的年轻人，于是决定用金钱帮助他们去实现梦想。

身体好转之后，洛克菲勒开始思考如何用钱去为人类造福，他在多个领域成立了基金会，去帮助那些有能力、有勇气的年轻人完成学业和研究。洛克菲勒自己曾经深受病痛之苦，于是成立了医学研究的基金会，去资助那些因缺少资金而无法继续的数十种常见药物研究，让抗生素和感冒药得到普及，并使儿童不再受脑膜炎的死亡威胁。

退休没多久，洛克菲勒的标准石油公司违反美国反垄断法，遭到勒令罚款，这是当时美国最大的一笔罚款。此次诉讼长达五年，美国法律界的精英都参加了这场法庭之战，可最终标准石油公司败诉了。在法庭宣判的当晚，一位律师给洛克菲勒打去电话，他担心洛克菲勒无法承受，尽可能小心翼翼而又故作平静地转述这个判决，然后安慰道："我希望您不要因为这个判决而难过，洛克菲勒先生，希望你今晚能安心睡觉。"洛克菲勒听后立即回答："请不要担心，我决心好好睡一觉。你也不要放在心上，晚安吧朋友！"这几句话让律师极为惊讶，一位曾为100美元而彻夜失眠的人，如今竟然不担忧巨额罚款。

**犹太智慧羊皮卷：回归简单的生活**

53岁时，洛克菲勒因病重险些丧命，可是他最后却活到了98岁。洛克菲勒在命悬一线的时候，终于明白赚钱的根本目的是为了美好的生活，所以他决定放开手里紧握的一切，让生活归于轻松和平静。人在成功的时候最容易迷失自我，然而当生活重新归于平淡简单时，才会逐渐明白生命的真正价值和意义，洛克菲勒正是如此。

退休后的洛克菲勒深刻理解了生活的本质，衣食住行与生命的节奏相连，是一种和谐的简单。在简单质朴的生活中，人们所需的成就感和安全感并不是靠金钱获得，而是要将手中的金钱投放出去，帮助那些有需要的人，为实现全人类的理想做出贡献。

因此，人生的关键是能认识生活的本质，能够欣赏并认同简单的生活，内心丰富、轻松自在、乐而忘忧，这才是人生应该追求的生存状态。生命的可贵要远远高于金钱和地位，金钱是永远赚不够、赚不完的，可是人的生命却只有一次。人们在年轻的时候透支身体，其实是一步步损害生命，努力奋斗的同时不能忘记成功的目的是为了什么。回归简单和平淡，保持愉悦和乐观，爱惜身体和健康，才能有所作为！

# 有时舍弃也是一种开始
## ——叛逆者涂尔干的社会学

犹太民族懂得这样一条智慧：美好的事物如同手中的细沙，握得越紧流失得越快。当你把双手展开，看似舍弃，实则拥有。中国人的传统也有类似的智慧箴言：舍得，舍得，有舍才有得，先舍而后得。

涂尔干是一位生在法国的犹太人，他是法国学院社会学的创始人，是古代社会研究方面最有影响的社会理论家。他被称为学术的“叛逆者”，却发展成为一位社会学大师。涂尔干的一生经历阐释了一条真理：舍弃不是毫无希望地放弃，而是一种全新的开始。

**对人生事业的选择**

1858 年 4 月 15 日，涂尔干生于埃皮纳勒，他生长在一个传统的法国犹太家庭，他的曾祖父、祖父和父亲都是犹太教“拉比”（教师）。涂尔干自幼在家庭的熏陶下学习希伯来文、犹太教圣经和犹太法典。按照犹太传统的要求，涂尔干长大之后必然要跟祖父和父亲一样，成为犹太教的“拉比”。

1870 年普法战争爆发，涂尔干的家乡埃皮纳尔被普鲁士军队占领，人们流离失所，遭受了巨大的痛苦，而犹太教仍然要求人们坚守宗教仪式和规矩。12 岁的涂尔干开始对宗教的死板仪式产生怀疑，他认为宗教只是一种社会现象，在战争当中宗教仪式并不能拯救受苦的人们。在涂尔干 19 岁的时候，父亲染病去世，作为家中的长子，涂尔干要承担起家庭的责任。生活的艰难塑造了他早期的人生观，充满一种悲戚的色彩。由于家庭经济窘迫，他感到精神压力巨大，无法专心备考，因而两度在升学上遭受挫折。

1879年，涂尔干第三次参加考试，终于考入了巴黎高等师范学院，学习人文学科。在读大学期间，他受到社会科学意识的影响，接触到了还未独立、仅具雏形的社会学。在阅读了孔德和斯宾塞的理论之后，涂尔干对研究社会现象产生了浓厚兴趣，可是当时法国的教育体系并未设置社会学专业，他不知道应该如何进一步进修。涂尔干发现很多哲学研究与社会学有联系，既然学校没设置社会学专业，于是他决定改修哲学专业。家人也欣然同意他改修学科，认为这有利于他将来从事犹太教“拉比”的工作。

1882年，涂尔干从大学毕业，并取得哲学学位。可是涂尔干却做出了一个叛逆的选择，他决定放弃犹太教的“拉比”职位，走向非宗教世俗领域，专门从事社会科学的工作。这一决定遭到家人的反对，他们不能忍受涂尔干远离宗教，从事世俗领域的工作，这对于家庭和民族传统打击甚大。

涂尔干的性情温和，虽然自己的理想和意向已定，但并不想因此和家人交恶。他采取了怀柔的方式，仍然保持和犹太宗教社群的良好关系，他的朋友圈里大多都是犹太人，他也愿意为犹太民族的发展贡献力量。同时，涂尔干极力说服家人允许他去大学求职，让他能够获得更加广阔的发展空间。家人不再强迫涂尔干担任犹太教拉比，他尝试去巴黎大学求职，但他的社会学观点不能令保守的大学满意，只得去中学当一名普通老师。

教学期间，涂尔干认真研读教育学、伦理学和哲学，并深受实验心理学的影响。1887年，29岁的涂尔干获得一个机会，波尔多大学聘请他讲授教育学和当时还不被认可的社会学。借此机会，他逐步将自己研究的社会学理论和方法引入法国的教育体系，并在波尔多大学创建了法国第一个社会学系。

1890 年之后，涂尔干进入了学术创作的黄金时期。1893 年，他出版了《社会分工论》，标志着他学术体系的建立。涂尔干阐发了关于人类社会的性质及发展规律的理论，很多思想都超越了当时的时代，尤其他主张宗教和道德可以用纯粹的社会关系解释，这招来了不少的批评和攻击，包括犹太人在内的各种批评声音此起彼伏，家人也希望他重新回归犹太传统，以他的学识和影响，完全可以做一个称职的犹太“拉比”。

但涂尔干从来没有后悔他的选择，他认为自己的选择虽然是对传统的舍弃，但也意味着新生的开始。既然已经跟传统分道扬镳，那么不管新的道路上多么坎坷，不管有多少障碍和荆棘，总要有一个开拓者。他就是这名开拓者，必然要勇敢地走下去。很快，涂尔干全身心投入到社会运动和社会学研究当中，将社会学从学术领域引入社会实践领域，用理论指导行为，开创了一代实证主义社会学思潮。

**坦然舍弃，是一种大气的人生智慧**

传统的犹太“拉比”可以由很多人担任，但实证社会学的开创者只有涂尔干一个人。在当时的时代环境下，研究社会学既没有金钱，也没有地位，甚至被很多人轻蔑鄙视、冷嘲热讽，在学术上每前进一步都要付出巨大的心血和代价，即便如此，也不一定能获得认同。正因为如此，涂尔干的选择实际是舍弃了既得利益和安稳的职位。他的舍弃彰显出一种高尚品格，他为社会科学的发展开辟了新的道路，将人类社会现象的研究推向纵深的领域。

涂尔干的学术著作涉略广泛，其主要的思想集中于四部巨著：《社会分工论》《社会学方法的规则》、《自杀论》、《宗教生活的基本形式》，这些都是社会学研究的经典著作。作为现代社会学的开拓者，涂尔干一生出版了大量关于教育、宗教、犯罪的论文和专著，为社会学的规范化和科学化奠定了坚实基础，也为社会学的独立学科地位的确立做出了巨大贡献。

他确定了社会学的研究对象，即社会事实。以前的学者研究社会发展，都以一种闭门造车的方式，而涂尔干则是制定了一系列社会学研究的实证规则，他阐述了社会事实之间的结构、功能、因果等关系，打破此前虚空的研究方法，实现了实证主义社会学的伟大构想。

涂尔干在社会学研究上的卓越贡献还体现在研究“犯罪”与“自杀”方面，为现代社会学、法学、心理学、教育学提供了实证理论基础。他运用统计学等量化分析的方法研究自杀个案，因而成为将定量分析引入社会科学的先驱，这些研究对现代法学和刑事侦查的发展做出贡献。

在推动社会学发展的过程中，涂尔干完全以一名“叛逆者”的身份推翻了传统人文社会科学的研究方法。作为一名拥有宗教信仰的犹太人，涂尔干自幼所接受的教育传统是使用冥想、感悟、通灵、反思等方法对世界和社会进行解释和感悟。然而他所开创的实证主义社会学研究方法，则是以事实发生的例子作为研究基础，用科学量化的方法研究社会现象，保持一种客观、谨慎、唯物的态度，尽可能减少个人意志和精神力量的干扰。

这种方法对于当时的宗教社会来说，无疑是将一块巨石投入深潭之中，必将引发不平静的波澜。但涂尔干认为，宗教精神的发展已经在很大程度上阻碍了科学进步，如果社会科学研究缺乏实证态度，社会现象的分析和解释永远无法成为一门科学，只能停留在宗教领袖头脑的臆想当中。

面对选择，敢于坦然的舍弃，这是一种大气的人生智慧。叛逆的涂尔干放弃了传统安逸的生活，放弃了犹太人的家族职位，选择不同于常人的道路，坚持自己学术上的观点，进而获得了思想上的解放，最终迎来了具有开创性意义的黄金时代。舍弃需要强大的勇气，但舍弃决不是对责任的背叛，而是为了获得更大的发展空间，为人类做出更有意义的贡献。

**犹太智慧羊皮卷：敢于舍弃，让生活重新开始**

涂尔干是一名地道的犹太人，他拥有犹太人的智慧和毅力，并对自己的选择充满决绝的信心。因此，虽然他在学术上是一名典型的叛逆者，但在人生道路上，所体现出来的勇气与精神全都是犹太式的。他的选择和舍弃是一种全新的开始，将犹太民族的品质和精神引入了一个新的领域，他一生中虽然没有成为传统的犹太“拉比”，但在学术领域中，他成了全世界社会学界的“拉比”。

没有涂尔干舍弃传统学术，就没有社会学新方法的诞生。舍弃传统需要大无畏的勇气和智慧，必然会有痛苦和艰难，但只有舍弃身后的小山头，才有可能披荆斩棘，寻找到前方更加高远的山峰。做一名传统的叛逆者，是要付出代价的，或许会将自己推入深渊之地，但正是如此，人类才会发展进步，因为几乎所有新发现都在绝境中产生。

# 任何时候都不怀疑你的信念

## ——“革命之鹰”罗莎·卢森堡

著名的犹太科学家爱因斯坦曾说：“由百折不挠的信念所支持的人的意志，比那些似乎是无敌的物质力量具有更大的威力。”人，只要拥有一种坚定的信念，有所追求，那么任何艰苦都能忍受。信念是一种思想倾向，不仅能够激励一个人成长壮大，还能让一个民族，甚至是一个国家发展强大。

信念是一种极其强大的力量，正因为拥有对自由的向往，才让罗莎·卢森堡这位看似柔弱的女人，成长为一位勇敢的革命者。在她的人生当中，任何时候都没有怀疑过自己的信念，她为信念而活，为信念而死，为信念奋斗终身。正如她所说：“要有耐心和勇气，我们还要活下去，我们还要经历惊天动地的事！请让你的最后一丝信念存在你的心中！”

**信念与爱情的碰撞**

1871 年 3 月 5 日，罗莎·卢森堡出生在波兰的扎莫什奇，她是犹太人，天生对自由和独立充满渴望。1880 年，罗莎·卢森堡在华沙读中学，对无产阶级的悲惨生活抱有同情。1887 年，她毅然加入了“第二无产阶级党”的外围小组，决定将无产阶级革命作为终身奋斗的事业。1888 年，该党被当局通缉，许多成员被捕，她第一次品尝到了革命失败的滋味并被迫四处流亡。第二年，罗莎到达苏黎世，她住在社会民主党人卡尔家中，第一次知道马克思，并了解其革命思想。随后她认识了青年革命家约基希斯，两人同样来自波兰，拥有同样的理想和志趣，于是很快坠入爱河。但是为了革命事业，二人聚少离多，甚至没有时间考虑组建自己的家庭。

1891年，罗莎·卢森堡成为苏黎世大学政治系的正式学生，第二年，她成为一名光荣的马克思主义者。此时罗莎和约基希斯的爱情也不断升温，虽然两人性格不同，才能也各有所长，但两人彼此之间的爱意却日渐浓厚。罗莎热情大胆，性格活泼开朗，而约基希斯则严峻深沉，足智多谋。罗莎善于演讲和宣传，约基希斯善于组织领导革命运动。在艰苦的革命斗争环境里，这对情侣常常含笑拥抱别离，他们以思想的交流缩短时空的距离。但是没过多久，约基希斯被当局通缉，匆匆流亡至德国，罗莎为了追随他，在1898年跟一位叫古斯塔夫·吕贝克的德国青年假结婚，掩饰身份进入德国。

罗莎到了德国之后，大胆投入到无产阶级革命当中，约基希斯对她更加支持，但非常遗憾的是，由于革命工作的需要，约基希斯本人要去瑞士进行革命。两人再次分离，罗莎顺利取得德国国籍，独自留在柏林。从此，约基希斯只能在稀少的假日秘密来到柏林和罗莎短暂相聚。

1903年，卢森堡和吕贝克的假婚宣告结束。五年的假婚岁月，使罗莎和约基希斯的爱情承受了一次特殊的考验，两人虽然身居异国，处境异常艰难，但是他们的爱情却更加坚定而真挚。虽然不久之后，约基希斯再次移居柏林，可他仍然是一个流亡者的身份，无法公开跟罗莎在一起生活。在风云变幻的岁月中，他们将全部精力投入到德国和波兰党的革命工作，根本顾不上婚姻和家庭。

### 永不言弃的信念

1916年，罗莎和约基希斯分别被捕入狱。在狱中的苦难日子里，罗莎通过书信向约基希斯表达了深切的思念之情。1918年，德国发动了十一月革命，约基希斯和罗莎获救，于年底召开了德国共产党成立大会，随后组织大规模示威游行。然而，仅仅在半月之后，罗莎又遭到逮捕，并于当天，即 1919 年 1 月 15 日遇害。这时约基希斯担负了德国共产党的领导重任，罗莎牺牲一个多月之后，约基希斯陷入敌人的魔掌，随即遇害。

罗莎牺牲之后，世界无产阶级革命并没有随着白色恐怖的烟尘远去。很快，俄国十月革命爆发，领袖列宁多次表达他对罗莎的爱戴和景仰，称她为伟大的“革命之鹰”。罗莎短暂的一生经历了无数次信念的考验，她作为一名犹太女性，没有遵从犹太传统的安居生活，没有在家庭中充当贤妻良母的形象，而是选择将柔弱的身躯投入到无产阶级革命的洪潮当中，为世界无产阶级的解放贡献了全部力量和生命。

在这些艰难的考验当中，她一次次放弃了婚姻幸福和个人得失，她放弃一个女子成为妻子和母亲的权利，放弃了传统女性依靠男性的弱者角色。唯一没有放弃的便是她的信念，为了让全人类都拥有幸福的爱情和婚姻，让全人类都拥有自由和快乐，她选择坚守自己的信念，直至英勇就义也绝不放弃。

罗莎和约基希斯的爱情是凄美的，结果也是充满遗憾的，但他们的幸福却又是无法超越的，因为世上没有比拥有共同志趣和信念更为幸福的爱侣。他们的不幸是生活在残酷的年代，他们的幸福又是生活在崇高的信仰中。他们为信念失去了生命，他们的幸福却在全人类的幸福当中延续着，永远闪闪发亮。

一位伟大而杰出的历史人物在去世后，总会得到后世褒贬不一的评价。而罗莎作为一名女革命家，后人对于她的精神和信念却几乎是一边倒的钦佩和赞扬。她是德国工人运动最卓越的女活动家，德国社会民主党的领袖之一，德国共产党的创始人之一，又是杰出的马克思主义理论家。没有罗莎的坚守和努力，国际无产阶级革命的发展不会如此迅速，罗莎的思想和文笔也如同她的性格一般，敏锐、真挚、犀利，对于无产阶级革命的理论思想做出过重要贡献。20 世纪 90 年代初，国际学界再次将目光聚焦在罗莎的革命理论上，由此重新确认了罗莎与马克思主义的深刻联系，并一致将她视为“民主的社会主义”理论创始人。

**犹太智慧羊皮卷：信念的力量可以改变世界**

在罗莎生活的时代，无产阶级运动的力量极为薄弱，尚处于发展和开创当中。她将一生的力量投入到革命当中，在周围人看来，这种信念犹如飞蛾扑火一般，胜利的希望非常渺茫。但罗莎坚定地认为，信念的力量可以改变世界，她以一个女子的柔弱身躯支撑起德国的无产阶级运动。

罗莎曾经说：“不管一切如何，你仍然要平静地坚守信念。生活就是这样变幻无常，我们因此必须以信念对待生活，要勇敢、无畏、坚守、含着笑容，不管一切如何。”在罗莎 47 年的人生历程中，她向全世界展示出巾帼不让须眉的风范和力量。她所坚守的信念对未来的社会主义理论做出卓越贡献，被后人称为“国际社会主义革命永垂不朽的领袖”。在世人的眼中，罗莎永远是一只翱翔在高空中的飞鹰，她的存在为后世的女权运动、女性主义等思潮提供了最佳范本。她一生九次被捕入狱，经受过资产阶级多次诱劝和洗脑，但她从未后悔选择参加革命，而且依靠着信念一直战斗到底。

# Part 8

# 教育之道：把个人追求作为最大的发展

美国著名社会心理学家，犹太人马斯洛曾说："人类的最高需求是自我价值的实现。"教育之道不是把人培养成谋生赚钱的机器，而是为了更好地满足个人追求和自我价值。个人追求是一种自我实现，它不断地挖掘着潜能，完成责任与义务，承认自我的内在天性，在人格内部不断趋向完整统一。

每个人的成长发展都具有内在力量和动机，在生理需求和安全需求上，人类并不比动物高级多少，但与动物不同的地方在于：我们渴望实现自我价值和个人追求，我们愿意使自己更加完美，并且愿意全神贯注地体验生活。因此，教育是实现自我价值的帮手，教育之道是为了让人生活得更真实、更积极、更清晰、更能干、更了解多姿多彩的世界，并掌控命运，创造未来。

# 别用条条框框束缚孩子
## ——印象画派毕加索的另类艺术

如果说犹太人的智慧是头顶浩瀚的星空，那么创新就是浩瀚星空中一颗璀璨的明星。犹太人从不拘泥于固定的思维模式，他们敢于突破常规，敢于用创新的方法去展现事物的本质。

闻名世界的西班牙画家毕加索就是这样一个敢于创新，不拘泥于形式的伟大艺术家。他不仅是一位知名画家，而且还是一个雕塑家和共产主义者。他是立体主义的奠基人物，现代主义画派的杰出代表。毕加索一生创作了37000多件画作，在20世纪绘画史上有着重要的地位，给艺术界，乃至人类社会留下了宝贵的物质财富和精神遗产。

**追求天性的自由**

1881年10月25日，毕加索出生于西班牙南部的马拉加。父亲是当地学校的一名美术老师。在家庭的熏陶和父亲的培养下，毕加索自幼就显露出过人的绘画才华，不仅拥有特殊的艺术天赋，而且心灵手巧，聪明好动，常常制作一些惟妙惟肖的剪纸，画一些极为大胆惊人的油画作品。周围的人都认为毕加索是天才，但这样的一个“天才”却不是优秀乖巧的好学生。

毕加索读小学时，上课对他来说简直就是身体和精神的双重折磨。老师讲课时，他要么在漫无边际地幻想，要么看窗外的风景和天空。老师多次严厉批评，责备他连最简单的算数都学不会，甚至还把他关了禁闭，可是他却很高兴，因为他可以在禁闭室自由地绘画了。毕加索还常常成为同学们捉弄嘲笑的对象，大家喜欢跑到他的面前，嘻嘻哈哈逗他说："毕加索，三加二等于几?"然后看着他呆呆的样子，一群人哈哈大笑起来，最后老师还是将毕加索在学校的表现告诉了他的父母。

学校的老师在毕加索父母面前抱怨，并描绘毕加索有多么"痴呆"，毕加索的母亲对此深感不安，甚至觉得无脸见人。但是毕加索的父亲却不以为然，他始终都坚定不移地相信儿子是一个天才。毕加索天生继承了犹太人的智慧和才能，他的父亲也用犹太人的传统方式教育儿子。犹太人是全世界最重视教育，也最懂得教育的一个民族，他们尊重孩子的选择，善待孩子的天赋和兴趣。他的父亲认为，虽然毕加索不擅长在学校读书，但他在绘画方面拥有天赋和才能，而且他衷心热爱绘画，因此就应该鼓励他。

因此，毕加索的父亲从来不生气他在学校的表现，对他表示真正的理解和赏识。他对儿子说："不会算术并不代表你一无是处，你依然是个绘画天才。"毕加索在父亲的关爱和支持中找到了一些自信，他更加热爱绘画并且专注于绘画。果然，毕加索很快在绘画方面做出了卓越的表现，1889 年，八岁的毕加索独立完成人生中第一件油画作品《斗牛士》，惊艳了所有人。从此以后，毕加索的心思都在绘画上，让自己和家人慢慢忘记了功课方面的弱势。13 岁时，毕加索把绘画作为了自己人生的追求目标，并首次展出个人绘画作品。凭着自己对绘画的天赋和感悟，14 岁的毕加索进入了著名的巴塞罗那美术学校，两年之后，便成长为一名卓越而具有创造力的少年画家。

在家里的画室中的时候，是毕加索最快乐的时候，家人从不限制他什么时候学习、什么时候绘画以及什么时候玩耍，他想要怎样都随意。尤其是父亲，给他绝对的自由，让毕加索在想象的空间中任意遨游。幼年时期的家庭教育令毕加索获益匪浅，他在自由自在中寻找到了绘画的精髓，没有任何规矩和条框能限制他的画笔。

在美术和绘画方面，毕加索所表现出的毅力和耐力是相当惊人的，他能一连几个小时都不放下画笔，每天都沉浸在想象的世界里，只为他对美术疯狂而执迷的热爱。最后，父亲决定让他一直在美术学校学习，不再回到传统正规学校中，让他在绘画的天地中找到自己的快乐和价值。

**盛开创新的花朵**

兴趣是最好的老师，学校和家庭教育的目的，应该挖掘孩子的兴趣，从兴趣的角度去学习，便会事倍功半。犹太人的父母特别重视孩子的潜能和天赋，支持孩子对兴趣进行探索、学习、研究，从不粗暴地干涉或束缚他。正因为毕加索的家人不用条条框框限制他的发展，毕加索的绘画天赋才得到了长足的发展，并在绘画世界中开创出全新的领域。

1897年，毕加索16岁时，考入了久负盛名的马德里费尔南多皇家美术学院，从此毕加索真正走进了绘画艺术的殿堂。在毕加索的绘画世界中，他用独特的色彩手法来表达对世界的理解与感悟。1901–1904年，这个时期的毕加索因好朋友自杀，画风变得消沉，画作以蓝色和蓝绿色调为主，人称“忧郁的蓝”。这个时期的代表作品主要有：《生命》、《简朴的一餐》、《盲人的晚餐》、《赛乐丝汀娜》等。其中《生命》是他的自画像，是他所有作品里最忧郁的画作。毕加索在“蓝色时期”的绘画已经打破了传统的绘画艺术特征，有意识地将现代艺术手法和灵魂注入到油画创作当中，开创了风格另类的印象画派。

此后，由于爱情的缘故，毕加索改变了他之前一贯的蓝色调的忧郁画风，转而进入玫瑰时期，这一时期的作品色调以橘色和粉红色为主，颜色鲜明，表现了他炽热的情感。同时，他也不局限于单一的表现手法和色彩，他的画风多变，这与他向往自由、不受拘束的性格有着很大的关联。

毕加索总是敢于打破常规，不拘泥于现有的事物，用发散性思维和多方位视角去思考事物。他不喜欢被限制和束缚，这样的性格和习惯都是幼年的教育环境培养而成。他从小就是一个渴望自由、随性活泼的孩子，这种孩童般的性情一直延续到他的中老年，几乎没有改变过，并对他的绘画艺术产生了重大影响。毕加索讨厌千篇一律，厌恶各种规定与制度，他总是沉浸在自己的世界中，尽情发挥自己的想象。

毕加索不被现实的常规所束缚，不按常理思考问题的思维方式，在他的画作中展露无遗。1907 年，毕加索创作了油画《亚威农少女》，用大胆露骨的象征手法描绘出妓女夸张变形的肢体，这幅画对当时的绘画史来说具有划时代的意义。他把原始的雕刻艺术和塞尚绘画的艺术特点结合起来，开创了一种新的画风，直接引发了立体主义革命。正是毕加索敢于突破传统，不被束缚的人生态度及绘画风格，才引领了现代绘画艺术的革新与进步。

在创新意识的推动下，毕加索在绘画领域不断探索和创新。他最有名的画作要数《格尔尼卡》，这幅完成于第二次世界战期间的画作，表现了他对法西斯分子的痛恨，以及对遭受战争磨难的人们的同情。古典主义和立体主义完美的结合，是他在追求艺术道路上的又一伟大创举。若不是毕加索一生保有肆意发展的个性，世界上便永远不会出现《格尔尼卡》这幅伟大画作，这幅画作不仅仅是对绘画史的一种超越，也是毕加索自由思想和性情的一次展示。

**犹太人智慧羊皮卷：人人皆可成为天才**

在犹太人的世界里，既不缺少政治家、经济家、大富翁和大财团，也不缺少艺术家、哲学家、大作家和科学家。人数极少的犹太民族包揽了许多诺贝尔奖项，掌控了世界大量的财富，为全人类发展贡献了数不清的智慧。其重要原因就在于犹太人懂得教育后代，他们相信每个孩子都是上帝的宠儿，都有独特的才能和潜力，父母应该帮助孩子挖掘天赋，而不是束缚他们自由发展。

刚出生的婴儿，如同一张白纸，有着无限想象和发展的空间。如果给这张白纸画上几条边框的话，那么它的发展空间就受到很大的约束。解放天性，追求自我，开启智慧，挖掘天赋，一直是犹太人笃定的教育信念。每一个孩子都是上帝派来的天使，他们都向往着自由的空间。固有的思维和教育模式就像是一副枷锁，牢牢地锁住了飞翔的翅膀，使孩子只能在有限的低空中徜徉。

毕加索用一生诠释了思维自由发展和艺术创新的重要性，他没有受到现实世界中各种条条框框的羁绊，用自己的角度和思维去观察和审视这个世界，他不迷信权威，凭借自己对自由的向往，构画了一个理想中的绘画天堂。事实上，任何时代都不缺少毕加索，只是父母难以像毕加索的父母那样充满智慧，懂得自由和放手。

# 发掘源于内在的自信心
## ——心理学家马斯洛的成功蜕变

犹太人的寓言中流传着这样一个故事：“每个人都是上帝在人间播种的一粒种子，在破土而出之前，每粒种子都是一样的。后来有的种子长成了参天大树，而有的种子却只成为了一株平凡的小草，差异的关键便在于汲取的养分不同。长成参天大树的种子每天以自信为养料，拼命向地下扎根，努力向上生长。而成为小草的种子，把自卑作为自己的养料，从落下人间的那一刻，便感觉上帝把它抛弃了，失去了奋斗勇气和向上生长的欲望。”

这个故事很有哲理性，意在说明：自信是成功的源泉和动力。失去自信无异于士兵在战场上失去武器，战争还没开始便已失败。一般来说，人的自信来源于坚定的信念，只要抱着信念去做事，便会充满自信，没有什么事情是做不到的。美国著名的心理学家马斯洛，便是这样一位内心充满自信的人。

**超越自卑的马斯洛**

1908 年 4 月 1 日，马斯洛出生在一个移民家庭，在他出生之前，为了逃避沙皇对犹太人的迫害，他的父母便横跨太平洋，从俄罗斯移民到了美国。虽然出生在犹太人家庭，但马斯洛并没有生活在犹太人居住区。相反，马斯洛一家居住在一条非犹太人的街道。在他就读的学校中，犹太学生更是少之又少。为此，他经常遭受同学的歧视和欺辱，就连老师也对他存有偏见。

每天在学校受尽欺负的马斯洛回到家里，仍然感受不到温暖。他的父亲经常喝得酩酊大醉，酒醉后就在家里大吵大闹，对孩子乱发脾气。他的母亲性格古怪，因受到生活压抑而脾气暴躁。这样悲惨的生活条件，一度让马斯洛陷入了低迷和抑郁，心里充满了不可遏制的自卑。

生活的残酷让马斯洛讨厌社交，他只想找个地方藏起来，经常把自己隐藏在图书馆中，在书籍中寻找精神慰藉。图书馆有许多优秀的书籍陪他一起成长，不仅让他学会了许多知识，而且还帮他领悟了许多人生真理。在翻看美国历史书时，他为托马斯·杰斐逊和亚伯拉罕·林肯的事迹和精神深深折服，并深受启发，开始把消除民族歧视，建立一个公平、正义、友爱的世界作为自己的理想。渐渐的，马斯洛不再感到孤独和无助。就是在这一信念的支撑下，马斯洛的自信心逐渐得到恢复。

上了大学的马斯洛，由于成绩优异，各方面情况有了很大的改善，但是童年的阴影，仍然残留在他的内心深处，这使马斯洛很难真正获得自信，但同时这些困难也给他提供了成功的动力。大学的一次偶然机会，马斯洛读到了阿德勒的作品，书中有关自卑和超越的概念，让他受到了很大的启示。至此之后，他的人生开始发生转变。

**重拾自信的马斯洛**

马斯洛曾经说过一段话："心若改变，你的态度跟着改变；态度改变，你的习惯跟着改变；习惯改变，你的性格跟着改变；性格改变，你的人生跟着改变。"曾经的马斯洛，受人排斥和攻击，孤独的他把自己脆弱而敏感的心隐藏起来，不让别人靠近自己，就像契诃夫笔下的《装在套子里的人》。不过马斯洛并没因此而堕落下去，而是决定"从心开始改变"。

凭着优异的成绩，马斯洛先后考进了纽约市立大学和康奈尔大学。在康奈尔大学，马斯洛初次接触了心理学的范畴——构造心理学，虽然他当时并没有扎根于这个领域的想法，但是他对心理学研究非常好奇。1928 年 9 月，他转学来到威斯康星州麦迪逊，受到心理学导师哈洛的重视，他的自信心得到极大的鼓舞，从此便开始对心理学有了向往与追求。

马斯洛曾宣称："我的真正生命是从结婚和转学威斯康星大学开始的。"结婚给他带来生活上的幸福，而转学让他接触到了格式塔心理学和弗洛伊德心理学，并对其进行了深入的研究。马斯洛在麦迪逊的学习，是他真正步入学术研究领域的一个重要转折点。他选修了美国灵长目动物研究的课程，并成为哈洛的助手，随后又成为其第一个博士生。从此以后，他找到了自己想要研究的领域。

1932 年 2 月至 1933 年 5 月期间，马斯洛每天花费数个小时，对 35 种不同的灵长目动物进行观察，并做了详细的记录。他的博士论文相当出色，给心理学家桑代克留下了深深的印象，不仅给他提供了博士后奖学金，还邀请他协助自己进行新的课题研究。此后，马斯洛开创了第三代心理学，并最终成为美国著名社会心理学家。

1951 年，马斯洛被聘为布兰戴斯大学心理学教授兼系主任。1967 年他担任美国人格与社会心理学会主席、美国心理学会主席。他首次提出融合精神分析心理学和行为主义心理学的人本主义心理学，并在其中融合美学思想，开创了心理学研究的新领域。正是由于马斯洛改变了自卑的心理，重拾自信，才能获得新生，找到自己生活的方向，并最终取得辉煌的成就。

著名的哲学家尼采说过一句警世格言："成为你自己！"马斯洛在自己的生命历程中，将毕生精力都放在塑造自我、超越自我、成为自我。他以独特的人格魅力证明了自信与自我的重要性，并成功地树立了一个具有超越精神的典范。他开创的人本主义心理学，其核心内容就是人要通过"自我实现"，满足多层次的需求系统，最后达到“体验高峰”，重新找回人的价值，实现追求真善美的完美人格。

《纽约时报》评论说：“马斯洛心理学是人类了解自己过程中的一块里程碑。正是由于马斯洛的存在，做人才被看成是一件有希望的好事情。在这个纷乱动荡的世界里，他看到了光明与前途，他把这一切与我们一起分享。”马斯洛的人本主义心理学呈现出一种乐观主义美学精神。有人说，弗洛伊德为人类提供了病态心理学，而马斯洛则将人类另一半健康心理补充完整。

**犹太羊皮智慧卷：自信是超越自我的阶石**

自信和自卑就像是天使和魔鬼的距离，只有一步之遥，只有一念之差，是选择自卑还是自信，这是超越自我的重大命题。犹太人坚信自己是“上帝的选民”，因而从心底散发出强烈的自信心和优越感，他们把自信看作是上帝馈赠的礼物和天赋，这种信念作为犹太人的立世原则，世代流传。

世上没有两片相同的叶子，每个人都是独特的自我，不给自己一个展示的舞台，永远不会知道自己有多优秀。永远不要去怀疑自我，也不要因为别人而盲目否定自己。人生的勇敢之处在于超越自我，踏上充满荆棘的道路，纵使一路流泪，也在所不惜。

作为一个勇于超越自我的人，马斯洛无疑是成功的。他在探索人生的道路上，终于领悟到世界上最大的敌人就是自己，而他最终战胜了那个自卑怯懦的自我，迈出了自信的一步。正如奥格斯特·冯史勒格所说：“在真实的生命中，每一桩伟业都由信心开始，并由信心跨出第一步。”

自信来自于灵魂深处，可以转化为不断向前的源泉和动力。在犹太人看来，自信的人最美丽，由自信所散发出来的人格魅力，会令寒冬融化。选择自信，敢于自信，便会真正超越自我，走向成功！

# 亲身体验重于知识
## ——弗洛伊德的成长故事

犹太人有这样一句古老的谚语："如果你一直都是旁观者，永远也体会不到参与的快乐。"世上的人分为三种：运动员、观众和裁判。裁判是游戏规则的制定者，运动员是游戏的参与者，他们都加入到游戏中，享受参与游戏的快乐。而观众只是静静地站在一旁看热闹，不做任何参与，不管谁输谁赢，于他们而言都没有太大的意义。

犹太人十分重视亲身实践，对于生命中的每一次机遇和挑战，总是积极的参与进去。在他们看来，人生经历不管是好是坏，都是一次绝佳的体验，没有亲身体验的人生是残缺不全的，也毫无价值可言。只有亲身参与和体验，才能从生命中获得最大的乐趣。

奥地利著名精神分析师弗洛伊德是一位了不起的犹太人，他是精神分析学的奠基人，开创了前所未有的精神分析法，被后人称为"维也纳第一精神分析学派"。弗洛伊德在20世纪的心理学界占重要的席位，他勇敢地做出各种实践尝试和体验，从中寻找科学研究的正确道路。他用自身的成功证明，亲身体验远重于知识本身，只有积极参与的人生才是丰富完美的人生。

**言传身教的家庭**

1856年，西格蒙德·弗洛伊德出生于奥地利弗莱堡市的一个犹太家庭，家里共有 10 个孩子。他的父亲是一位传统的犹太商人，心地善良，为人诚实单纯，喜欢助人为乐，做生意时并不介意赚到多少钱，常常用金钱帮助其他人。弗洛伊德的母亲温柔智慧，给弗洛伊德极大的关怀与帮助。弗洛伊德曾说过："母亲在同儿子的关系中，总是给予无限的满足；这是最完全、最彻底地摆脱了人类的既爱又恨的矛盾心理的一种关系。"弗洛伊德对母亲十分敬爱，母亲也成为他人生道路上的坚实后盾和避风港湾。

弗洛伊德父母的性格对他幼年的成长有很大影响，他四岁时全家迁到维也纳，此后他几乎终生都在维也纳度过。由于家里孩子很多，弗洛伊德几乎没有读过小学，他在家里接受父亲的教育。这时家里有一位保姆，她是一位虔诚的天主教徒，受到这位保姆的影响，弗洛伊德对基督文化产生了极大的兴趣。保姆经常给他讲述《圣经》的故事，并让弗洛伊德学会自我反省，看到自身的能力与不足，这让弗洛伊德学到了许多生活道理和生存方法，从某种程度上说，保姆也可称之为弗洛伊德的启蒙老师。

在良好的家庭氛围熏陶下，在父母和周围人的悉心教导下，弗洛伊德健康成长，并渐渐树立了比较完整的世界观和价值观。弗洛伊德九岁的时候，由于具备超凡的智力，因此跳过小学教育提前进入中学。弗洛伊德是一个聪慧的孩子，对于任何学到的知识，他总是一点就通，具有很强的理解能力。17 岁时，弗洛伊德以全优成绩从施帕尔中学毕业。当时，医生是犹太人喜欢选择的几种职业之一，弗洛伊德也打算将来做一名医生，没过多久，他接到维也纳大学医学院的录取通知书。

在医学院期间，弗洛伊德依然是一名尖子生，备受老师的重视和同学们的崇拜。1881 年 3 月，他成功拿到了医学博士学位，这时出现了令他头疼的选择问题，如果去更高的学府继续深造，他将来可能成为一名医学研究者。如果毕业后去医院工作，将来就踏踏实实做一名医生。弗洛伊德对研究非常感兴趣，但是父亲却告诉他：“亲身体验重于知识。”经过犹豫和反复斟酌，弗洛伊德决定听从父亲的建议，他放弃了继续进修的念头，转而投身到了医院的一线工作。

**亲身体验的力量**

弗洛伊德在维也纳全科医院，先后担任了外科医师和内科医师，积累了丰富的实践经验。1885 年，29 岁的弗洛伊德在布吕克教授的极力推荐之下，获得了一笔丰厚的留学奖学金，去巴黎学习催眠治疗术。这一次学习机会，让弗洛伊德开始了全新的人生之旅。弗洛伊德早在读大学的时候，就对心理医学研究感兴趣，如今有机会跟著名解剖学和神经学专家沙可学习心理治疗，他便全心投入到学习和研究当中。

在沙可的影响下，弗洛伊德从对躯体医学的研究领域转向了心理医学领域，并在后来的研究中接触了催眠和宣泄疗法，大力研究精神病理的治疗，为后来他撰写《梦的解析》一书积累了经验和案例。1886 年，学有所成的弗洛伊德返回维也纳并成家立业，结婚之后他放弃了医院的工作，自己开了一家私人诊所，成为一名精神病理治疗医生。

1895 年，弗洛伊德写成《歇斯底里研究》一书，书中包含了他与布洛伊尔共同研究歇斯底里病症的成果。这本书的出版，为弗洛伊德的精神分析学的创立奠定了理论基础。在研究歇斯底里精神病症的过程中，弗洛伊德在医学史和心理学史上第一次使用了“精神分析学”这个概念，并且引起了极大的反响，成为他精神分析学的奠基之作。1897 年，弗洛伊德开始了自我心理和精神分析，进行自我分析的主要方法是对自己的梦进行解析，他将自己的人生经历引入到研究当中，对自我意识进行详细分析。他将分析的结论写成了《梦的解析》一书，并于 1900 年出版，被后世看作是一部精神分析学最了不起的著作。

当时《梦的解析》出版之后，引发了很多批判，大多数人都不理解弗洛伊德的精神分析研究，将他的研究成果视为怪诞的、反传统的洪水猛兽。而弗洛伊德并没有因此而放弃研究，在他一生余下的时间里，每天都坚持进行自我分析，并用亲身体验的方式将精神分析研究法进行到底。

1919年，弗洛伊德创办了一家国际性的出版公司，专门出版精神分析学方面的书籍。1920年，他的一个女儿过世，两个儿子参加战争，生死未卜，这接二连三的负面事件给弗洛伊德的精神带来了恐惧。正是这样的亲身体验，使他在1920年底建立"死本能理论"，即死的愿望是存活本能的对立面理论。他开始从精神分析入手研究人格，并发展了有创见性的人格理论。

1923年，弗洛伊德被诊断患了口腔癌，因为他每天抽20支雪茄，这种坏习惯导致他患上癌症，在此后的十余年间，弗洛伊德接受了33次手术。癌症的折磨使他晚年非常痛苦，但他始终拒绝使用止痛药，因为他要保持头脑清晰，亲身体验每一种痛苦的感觉，从而探索痛苦对人类心理的影响。他用亲身体验的方式将心理学和精神分析法的研究推向了更加深远的范畴。

1933年，纳粹执政后开始迫害犹太人，不仅公开烧毁弗洛伊德的著作，还查封了他的出版公司。弗洛伊德的另一个女儿遭到逮捕，他的房屋屡遭到纳粹匪徒的抢劫，而弗洛伊德的四个妹妹都在奥地利遭纳粹杀害。弗洛伊德晚年经受了极度的身心痛苦，使他提出了"潜意识本我"、"意识自我"、"超我"的三重心理学理论，从人类的心理欲望和需求出发，探讨人类心理和精神更深层次的奥秘。1939年，弗洛伊德因癌症去世。他一生留下大量的心理学和精神分析著作，对于后世的医学、心理学、精神疗法等产生重要影响。

弗洛伊德在精神分析领域所取得的成就，与他不断追求亲身体验有重大关系。他的一生不仅是探索全新精神领域的一生，也是亲身体验和自我分析的一生，他将全部的智慧、知识和体验都用于心理学研究和精神分析当中，用生命体验开创了新的学派和研究方法，同时也提升了生存价值和意义。

**犹太人智慧羊皮卷：用生命去体验世界**

世界上并不缺少美丽和神奇，只是缺少对美丽和神奇的体验。犹太人有这样的智慧：你不去经历，就永远不知道未来，永远无法发现潜能，永远看不见世界的美丽，永远不能把知识变为智慧。因此，亲身体验不仅是学习过程，也是认识世界的重要途径。在实践和体验中获得的知识和感受远远超过头脑中的空想。

弗洛伊德的医学造诣和精神分析理论大多来自亲身体验，他穷尽一生都坚持这一方法，不断用亲身体验完善研究和理论，这才创造出独一无二的精神分析法。亲身体验可以让身体的每个器官都活着，可以让精神和灵魂提升到卓越的高度。人类的情感丰富多彩，完整的生命由无数的体验和感觉构成。一个人若是缺乏亲身体验，他的身体只是一副肉体，他的大脑和心脏只是两堆物质器官，没有情绪波动和精神感受，这样的生命，与低等动物无异毫无价值。

# 开辟辅路，塑造完整的生命
## ——由演奏、作曲到指挥的马勒

人生面临很多选择，但是如何选择，是困扰很多人的一大难题。犹太民族充满智慧，他们在人生道路上总有各种各样的实践方法，有时执着，有时果断，有时决绝，有时笃定，当他们发现一条道路异常崎岖，便会开辟出许多条辅路，采取全面发展的方式，不断地推进前行的目标。

执着是一种坚强，但执着并不代表盲目坚持一个目标，充满智慧的生命应该具有远见和果断的精神，固执地坚持单一的方向，并不意味着有毅力，而是一种顽固和逃避。有的时候，要敢于开辟新的辅路，或许就会海阔天空，人生奋斗主辅路并行，是值得称赞的智慧。奥地利著名的指挥家马勒，便是这样一位在坎坷中懂得开辟辅路的智者。

### 勇于开辟辅路

1860 年 7 月 7 日，古斯塔夫·马勒出生在奥地利波希米亚的一个犹太人家庭。他在童年时就显露出音乐的天赋，六岁时参加钢琴比赛，八岁时已经能够为别的孩子教授钢琴。马勒从小就想当一名伟大的音乐家，他认为钢琴演奏只是一种音乐技能，真正的音乐家应该同时擅长作曲。马勒 15 岁进入维也纳音乐学院，他一边学习钢琴演奏，一边开始尝试憧憬已久的作曲。

马勒第一次的作曲是为了参加一场歌剧比赛，他费尽心力写下一部悲叹之歌，但是并没有获得成功。他做的曲子无法获得其他人的共鸣，甚至有人嘲笑他根本不是作曲的材料，还是老老实实学习钢琴演奏才对。但是马勒自己并不这样认为，经过认真思考，他认为自己人生经历不足，或许对于作曲的理解过于肤浅，应该开辟出一些“辅路”帮助自己理解作曲的真谛。

于是，马勒在不放弃钢琴演奏和作曲的同时，将注意力转向了指挥。他一遍一遍地观看优秀指挥家的演出，倾听了大量的歌剧，提升自己成为指挥家的素质。1885 年，在 25 岁的时候，马勒在莱比锡指挥门德尔松的《圣·保罗》歌剧，并获得前所未有的巨大成功，这一成功让他被聘为布拉格歌剧院的指挥家。此后，他在莱比锡、布达佩斯、维也纳等许多著名歌剧院担任指挥，成为当时世界上最著名的指挥家之一。

1891 年，马勒在汉堡歌剧院获得长期聘任，成为一名职业的指挥家。但作曲一直是马勒的梦想，他在工作之余始终坚持作曲。几年过去了，他的作品还是没有得到人们的认可，1897 年，马勒担任维也纳国家歌剧院艺术总监，并尝试在维也纳演奏自己的音乐作品，结果却受到反犹太媒体的大肆抨击。到 1907 年，反犹太运动愈演愈烈，马勒丢掉了维也纳歌剧院的职务，他的女儿又在这一年过世。在种种打击下，马勒患上了严重的心脏病。

这些悲惨的遭遇，让马勒被迫离开了欧洲，在美国大都会歌剧院和纽约爱乐交响乐团担任指挥。在此期间，他仍然在探索作曲和演奏，并推出了他的第四号交响曲。这次演出获得一些好评，但反响还是不大，一直到 1910 年，马勒的第八号交响曲首演，他才真正在音乐创作上得到世人的肯定。由于反犹太环境的影响，马勒虽然一生写了 11 部交响曲、四部声乐套曲、一部清唱剧及五首歌曲，但很多作品都没在他生前公开演出过。

马勒热爱音乐创作，但当他作的曲子无法被人理解时，他采取了开辟“辅路”，从事演奏和指挥事业，并在指挥的道路中培养作曲的能力和情绪。

事实上，马勒的做法是成功的，常年的指挥经验令他对交响乐有着精确的掌控，因此他创作的交响曲在形式上构思宏伟，规模非常庞大，堪称巨型交响乐队。而他异常鲜明的作曲风格来源于维也纳的民间音乐风格，在交响乐中加入人声，极大地丰富了交响曲的表现力，对20世纪现代音乐的发展起到了重要的作用。

**完整的音乐生命**

马勒的大半生都承受着反犹太人们的无情攻击，他的音乐很长一段时间都不被世人认可。除此以外，他还是一个终生没有归属故乡的音乐家，德国人认为马勒是奥地利人，奥地利人认为他是波希米亚人。而马勒自己说，在世界范围中，他是一个没有祖国和故乡的犹太人。

马勒在1907年旅居美国，不停辗转于各个歌剧院和交响乐队，他的身体状况很差，所以生活过得并不如意。但他始终坚持作曲，他的音乐具有明显的现代性，在世人的眼中不但新奇而且怪诞。但马勒坚决相信，他的时代很快就要来临，终有一天人们能够理解并接受他的曲子。

1911年，马勒病逝于奥匈帝国的维也纳，直到20世纪中期，他的时代才真正来临，人们纷纷膜拜马勒的音乐作品，尤其是渴求探索音乐新浪潮的广大听众，对马勒的作品如痴如醉，他的作曲全集很快被录制，并成为许多演奏家和指挥家登上职业巅峰的演奏作品。正如指挥家布鲁诺·瓦尔特所言：“马勒作品的最高价值不在于它通过引人注目、大胆、冒险或怪诞等显示出来的新奇，而在于这种新奇被融入到优美的、充满灵感的、深刻的音乐之中，在于音乐高度的艺术创造性，以及深厚的人性内涵所具有的永久价值。这一切使其在今日仍充满生命力，并拥有美好的未来。”

马勒一生都在追求完整的音乐表达方式，他认为音乐本身是拥有生命活力的，音乐的每一个环节都是活生生的，不应该被人为地割裂成片段。因此，他采取了以“辅路”搭配“主路”的方式，不仅亲自创作篇幅弘大的交响乐，而且亲自排练演奏，最后亲自登台指挥，用多种表现方式将音乐的生命完整地展现出来。

作为一位伟大的浪漫主义音乐家，马勒音乐呈现出双重性的明显特征，原因便是他在音乐道路上开辟多条辅路，追求完整的音乐生命。双重性的音乐创作意味着交响乐声乐化，声乐作品交响化。马勒的音乐需要一流的巨型庞大演出阵容，一流的指挥家，一流的乐器组合，一流的场面设置……他在音乐领域的多方面才能和身份为此提供了便利。他的音乐调和了传统与现代，既有传统浪漫主义的渲染，又有现代派的革新手段，被称作是新旧音乐承上启下的桥梁性音乐。

对当时的人们来说，马勒的音乐过于复杂，而且存在一种对传统艺术理想的颠覆和幻灭。然而，正因为马勒与众不同的音乐追求，使他成为一个另类的音乐家，他的音乐理念和创作方式超越了时代。

马勒在世的时候，他的指挥家身份要比作曲家身份名气更大，后人也称他是19世纪末20世纪初最重要的指挥家。然而，马勒的作曲家身份其实更伟大，他的音乐崛起是20世纪后半期最重要的音乐现象之一，如今，他的伟大音乐和艺术价值已获得举世公认。

**犹太人羊皮卷智慧：永恒而完整的生命追求**

作为一名伟大的音乐家，马勒不仅是现代音乐会演出模式的缔造者，而且也将演奏、指挥、作曲等音乐范畴完美统一，发展出规模庞大的巨型交响乐。他的一生只有51年，在这不长不短的人生旅程中，他始终用音乐探讨永恒而完整的生命。在马勒眼中，人生就像一次驶向遥远彼岸的航行，航线有很多条，在一条航线上遇到障碍，还可以开辟另外一条。每一条新航线的开辟不仅能够为航行积累更多经验，而且还可以更深刻地体验到美好而惊心动魄的旅程。

马勒将自己的生命与音乐融合在一起，以完整的音乐形式表达出他追求永恒生命价值的意愿。事实证明，马勒的音乐确实具有非凡的意义，他的生命也在音乐的传唱不息中获得了永恒价值。人生旅程的航行中，常常遇到暴风雨和暗礁，但只要心中有指南针，依然可以开辟出多条航线，勇敢地扬帆起航，最终到达胜利的彼岸。

# 别为孩子规划人生
## ——半路退学的迈克尔·戴尔

有些父母或者出于担心，或者出于爱护，或者出于弥补自己人生的遗憾，总想干涉孩子的想法和选择，为孩子规划人生之路。殊不知，这样做很可能剥夺孩子体验精彩人生的权利。孩子没有选择的自由，就很难为自己的未来担负起责任。当孩子习惯了逆来顺受，随波逐流，也就丧失了完整独立的人格。

对于犹太人来说，他们很少替孩子规划未来，并且常教育孩子要学会为自己的人生负责，为自己的未来承担义务。他们将选择权交给孩子，孩子喜欢什么，想做什么，都由自己去决定。恰如迈克尔·戴尔，他的人生完全凭借自己的规划，他从小就知道自己喜欢什么，自己想要什么。为了实现自己的愿望，不惜放弃学业，朝着自己的梦想一步一步向前迈进。

**迈出人生成功的第一步**

1965 年 2 月 23 日，迈克尔·戴尔出生于美国休斯顿的一个犹太中产家庭，父亲是牙医，母亲是经纪人。虽然父母希望儿子长大后从事体面的职业，比如医生、律师、教授之类，但他们仍然把选择权交给戴尔自己。戴尔在小的时候，因为父母的关系结识了很多中上层人士，他常常与那些人士接触，知道了许多新鲜东西，其中就包括电脑。

戴尔对电脑非常感兴趣，他想要拥有一部属于自己的个人电脑。但当时电脑十分昂贵，而他还只是一名儿童，要先读小学和中学，上了大学之后才允许拥有电脑。为了实现自己的电脑梦，戴尔在八岁的时候发现一则广告，说只要通过某种专门考试，就可以直接拿到高中毕业文凭。小戴尔马上拨通电话申请，满怀希望想要跳过小学、中学，解决文凭问题直接进入大学。但是，这则广告是针对同等年龄和学历的人，戴尔的申请当然没有成功，而且还闹了一个笑话。但这件事让他更加急于长大成人，恨不得立刻就做生意赚钱，给自己买一部电脑。

12 岁的时候，戴尔在集邮杂志上刊登广告，专门做邮票生意，当别的孩子还在读小学中学时，他已经靠卖邮票赚得 2000 美元，终于成功地给自己购买了一台个人电脑。这件事让他实现了购买电脑的梦想，也让他认识到跨过中间商做买卖的好处。没过多久，他便按捺不住心中的好奇，拆开了电脑，想弄明白它是如何工作的，并开始研究电脑硬件和软件的组装。

上中学时，16 岁的戴尔找到一份兼职工作，为休斯敦《邮报》拉客户获得提成。他经过详细调研，得知新婚夫妇是这种报纸的最佳订户，于是他花钱雇同学帮忙抄录新结婚夫妇的姓名和地址。然后他将资料输入电脑，并给新婚夫妇们寄去一封颇具温馨浪漫情趣的信，并承诺免费赠阅两周的《邮报》。这一举措让他大获成功，整整赚了 1.8 万美元，他拿这笔钱为自己买了一辆宝马汽车。

中学毕业后，戴尔进入得克萨斯大学，并在父母的建议下选修医学。父母希望他成为一位受人敬仰的知名医生，但戴尔对医学也提不起兴趣。18 岁的戴尔一到学校就开始倒卖电脑，他开着白色宝马汽车，后座上每天至少摆着三部电脑。不到一年的时间，他从 IBM 经销商那里获得低价进货渠道，并在大学宿舍里出售，由此获得了十分丰厚的利润。

大学二年级时，戴尔因为过度迷恋电脑导致医学成绩不佳，这时父母才知道他不喜欢当医生，而是立志在电脑领域开创事业。戴尔下定决心要退学，想自己开公司赚大钱。父母虽然对儿子退学的选择十分惊讶，但是还是认为应该给孩子机会，让他自己去做选择。戴尔的家境不错，父母不需要他过早赚钱，他们认为戴尔太年轻，渴望赚钱或许只是一时冲动，眼前获得一些小利润，但如果缺乏知识和经验，未来也很难成功。于是父亲建议他，不管学习什么专业，将来从事什么行业，都至少应该大学毕业，毕竟学习知识对于未来发展十分重要。

但戴尔不这样认为，他认为在学校是浪费时间，抓住机会赚钱更重要。他极力说服父母，自己在做生意中已经积累了很多实践知识、技能和财富，眼前的这个时代必定是PC电脑流行的时代，他不能眼睁睁看着机会从身边溜走。

父母暂时接受了戴尔的想法，但是跟他立了一个约定，如果在暑假赚不到约定的可观利润，戴尔就按父母的要求重回学校读书。戴尔自信能够开创一番了不起的事业，父母也同意给他这样一次机会，毕竟是孩子自己的选择，应该给予尊重和支持。

让父母惊讶的是，暑假刚开始的第一个月，戴尔就卖出了价值18万美元的改装PC电脑，这已远远超出了约定的利润。从此，父母不再干涉他的决定，19岁的戴尔带着狂热的创业梦想退了学,并创建了自己的公司：Dell电脑公司。1987年，年仅22岁的戴尔凭借过人的胆量和敏锐的洞察力，在股市暴跌之时大量买入高盛公司的股票，仅一年的时间他在股票方面就获利1800万美元。至此，他向成功迈出了坚实的第一步。

**自我规划，铸就辉煌**

1984年1月2日,戴尔注册电脑公司的时候，注册资金只有1000美元。到了 1986 年，公司年收入就达到 6000 万美元。1987 年，只有 22 岁的戴尔被美国学院企业家协会评为年度“青年企业家”，在美国商界脱颖而出。1988 年，戴尔的公司在纳斯达克上市，市场价值达到 8500 万美元，他的名字受到整个华尔街的关注。1989 年，戴尔公司的年收入高达 2.5 亿美元，公司创立时的 1000 美元注册资金，在短短五年之内变成了 2.5 亿，这样惊人的成绩令全美为之侧目。

进入 20 世纪 90 年代，戴尔公司发展更如同脱缰野马，财源滚滚。每年的收入增长高达 97%，而净利润更是达到 166%。戴尔在全球范围内进行统一配置和销售，并在欧洲很多国家开设分公司，采取低价直销的经营策略，满足各层次客户的需求。

当时电脑行业的大公司多是依靠领先技术进行市场竞争，他们售卖电脑显示器和各种标配主机，客户购买电脑时需要请专业技术人员进行调试，但是标配电脑经常不能满足客户需求。戴尔看到了这样的问题，于是绕过技术这一关，直接依靠直销整机的商业模式和差价观念，将别人积压的库存标配电脑低价买进来，然后对电脑硬件进行改装，以符合顾客的某些特殊要求，比如内存增大、增加磁盘驱动器等。然后将改装后的电脑贴上“DELL”的标志，以低于市场零售 10% 的价钱卖给客户，从而获得大笔的利润。

戴尔的直销商业模式最开始时并不被看好，因为戴尔公司没有过硬的技术，只凭着对电脑进行拆装组合，肯定没有发展前途。戴尔公司受到很多非议和批评，但戴尔不以为然，因为他很清楚，公司贩卖的不是技术，而是一种针对客户需求的服务。满足普通大众的需求，就等于抓住了发展的机遇，并且能迅速占领主流大众市场。

很快，戴尔公司的崛起和飞速发展让所有人都瞋目结舌。1992 年，戴尔给公司的市场份额定位为 15 亿美元，但结果却大大超出预想，公司的销售额竟然突破了 20 亿美元。戴尔能够抓住时代的潮流，预测市场变化，引导新的需求，正是所谓的取人之弃，独得其利。

1997 年，32 岁的迈克尔·戴尔成为德克萨斯州的首富，拥有 43 亿美元的净资产。此后，戴尔跟比尔·盖茨合作，开拓新的市场，在巩固和扩展传统直销市场的同时，也开辟了互联网市场。到了 2000 年，戴尔公司一年通过互联网的成交额达到了 160 亿美元。2001 年，戴尔公司在全球电脑市场占有率名列第一，成为世界领先的电脑系统厂商。2003 年，《财富》杂志将戴尔评为美国 40 岁以下最富有的人，他的个人净资产高达 214.9 亿美元。

**犹太智慧羊皮卷：让孩子自己规划未来**

戴尔取得如此杰出的成就，这与他一直为自己规划未来密切相关。他不介意别人的眼光和批评，只做自己喜欢的事情，开创自己想要的事业。毫无疑问，半路退学的戴尔是成功的，而他的父母也非常了不起，允许儿子放弃医学，让他任凭自己的喜好去选择事业。正因为父母没有为孩子规划人生，所以才会有戴尔电脑公司的诞生，戴尔认真对待自己的人生，他的父母也认真对待儿子的选择，才令戴尔和他的公司创造了不凡的价值。

许多犹太人拥有超凡的智慧和信心，迈克尔·戴尔就是这样的人。他敢于坚持自己的梦想和规划，没有去迎合父母制定的人生计划书，凭借自己的智慧和能力，对未来的憧憬充满信心。戴尔的成功证明了孩子对自我规划的重要性，为孩子规划人生，并不一定符合孩子的本性和兴趣所在。帮助孩子发展兴趣爱好，实现自己的梦想，活出真正的自己，这才是父母应该做的事情。

# 任性背后的潜能
## ——维特根斯坦父子的成就

犹太人认为，孩子之所以是孩子，就因为他们拥有动态的天性。因此，任性是孩子的一种天性，也是孩子应有的权利。任性是孩子对世界的体验和表达，其中往往隐藏了孩子的喜好，父母应该允许孩子时而任性一下，或许能从中展现出其某种天赋和潜能。

世界上的很多规则与环境限制孩子天性的发展，在顺从与教条下成长的孩子，天性和创造力往往遭到严重摧残。所以，犹太民族在很多情况下鼓励孩子的任性，从来不任性的孩子很难获得较大的创新力。当孩子任性的时候，父母要认真审视，分辨出这种任性是否代表了孩子的某种天赋，允许孩子发挥自己的天赋，追求自己的梦想，这才是为人父母的明智之举。

卡尔·维特根斯坦和路德维希·维特根斯坦是一对父子，父亲是著名的犹太大亨，欧洲钢铁工业巨头，儿子是20世纪最有影响的哲学家之一，又是数理逻辑学、语言哲学的奠基人。父子俩的性情极为相似，都是自幼不受世俗拘束，厌恶规矩和教条，凭着自己的任性选择过着与众不同的生活。

**离家出走的卡尔**

从19世纪后期开始，维特根斯坦家族就成为欧洲最有势力的财团之一，产业遍及钢铁、建材、金融领域等，地位和影响力仅次于罗斯柴尔德家族，这样伟大的成就要归功于卡尔·维特根斯坦。1847 年 4 月 8 日，卡尔·维特根斯坦出生在德国莱比锡的一个犹太人家庭。1860 年，全家迁居奥地利，父亲在维也纳做房地产生意。卡尔在家中的 11 个孩子中排行第六，这是个名副其实的大家庭，父母无暇悉心照顾这么多孩子，所以索性任由孩子们自由发展。

年幼的卡尔对世界充满了奇思妙想和疑问，与其他同龄孩子的兴趣全然不同，他特别喜欢思考问题，而且非常固执任性。他从小就对无聊乏味的周围环境充满厌恶之情，生活永远一成不变，毫无新意和创意，他感觉不到自由和快乐。从 11 岁开始，他就开始策划离家出走，想去外边的世界看一看，并且不止一次地尝试。但是他每次最后被家人找回来，被兄弟姐妹看做是任性的“坏典型”。

卡尔暗暗决定，下次离家出走一定要走得远一些，让家人永远都找不到他。17 岁时，他写了一篇文章，对于是否有不朽灵魂提出强烈质疑，因此学校对他提出严重警告，最终责令他退学。卡尔认为维也纳的一切事物都让他讨厌，于是离家出走的决心更加强烈。1865 年，当他 18 岁时，他从一名大学生手中买到一本护照，远离自己的家庭和祖国，从维也纳只身来到美国纽约，开始了一个人的漂泊生活。

在纽约，卡尔做过各种各样的工作，他当过酒店服务员、账房先生、教师、看夜人和舵手，这些工作仅能维持他的日常生活，并未赚到多少钱。两年的异地漂泊生活，让他尝尽了世间冷暖，也让他懂得了一个道理：“成长就是从舒适安逸走向艰难，就像希腊神话中西西弗斯的推石苦役一样，没有人能够帮助你，只有无休止的努力才能实现自我的理想。”最后他结束了这次不寻常的出走经历，重新回到自己的故乡。

1867 年，20 岁的卡尔从美国纽约回到维也纳，便开始规划自己的人生。他先半工半读，在大学里学完短期的工业工程课程，然后依靠自己的丰富经历和闯劲，进入一家采碾轧工厂工作。在此后的10年里，他成为工厂的厂长和股东，并积累了丰厚的财富。接下来，他收购了布拉格钢铁工业集团，开始了钢铁垄断事业。在30年中，卡尔的事业达到了鼎盛，他掌控了奥地利阿尔卑斯冶金集团的大部分股份，成为一位钢铁业巨头。1898年，卡尔51岁的时候，他决定退休并且卖掉了奥地利的工厂．把巨额财产转移到国外做投资生意，而他自己则携同夫人一起离家出走，两人开始环游世界。

卡尔一生都充满了任性的抉择，他所做的事情时常令人大跌眼镜。早年他任性离家出走，而当中年时事业达到顶峰，他又任性地卖掉了所有工厂，再一次去游历世界。最任性的事情是，卡尔拒绝被封为伯爵，因为看不起贵族的头衔。卡尔是颇有成就的犹太企业家，但他的为人行事显得特别任性，然而这并不妨碍他成为一名了不起的工业寡头，而且他还成功地培养了两个了不起的儿子：保罗和路德维希。前者是世界上最著名的独臂钢琴家，后者是20世界最有影响的伟大哲学家之一。

**路德维希的多变与任性**

卡尔的儿子路德维希与他一样，也是一个以任性著称的人物。1889年4月26日，路德维希出生于维也纳，此时他的父亲卡尔已经是欧洲钢铁工业巨头，母亲是大银行家的女儿，还是一名钢琴家。路德维希是家里八个孩子中最小的儿子，自幼在家里接受教育，没有去正规的学校读书。1903年路德维希通过自学考试，进入了一家以技术著称的中学。路德维希在学校的成绩很差，老师和同学都不重视他，这令他度过了压抑的三年时光。随后的高考落榜，更让他觉得人生失意。

路德维希的性格与父亲很像，任性多变，充满了不稳定的情绪。他在童年时期，曾经想成为一名机械家，为此他在10岁时亲手制出一台简单实用的缝纫机。长大之后，路德维希又立志成为一名工程师，于是高中毕业后去柏林学习机械工程。但是两年之后，他的兴趣又改变了，喜欢上航空工程，并进入英国维多利亚大学攻读航空工程空气动力学。

在学习期间，路德维希对基础数学产生了兴趣，喜欢罗素的《数学原理》和弗雷格的《算术基础》。1911 年，22 岁的路德维希拜访了弗雷格，并由这位逻辑学家推荐，前往英国剑桥大学追随罗素，成为英国哲学家罗素的学生兼好友。第一次世界大战开始之后，路德维希仍然持续他的任性，本来他可以免除兵役，但他却作为志愿兵积极入伍。但是在战场上，路德维希的心思没放在抗敌上，而是完成了一本《逻辑哲学论》。

战争结束后，他又对学校改革产发生兴趣，跑到奥地利南部山区当一名小学教师。他在山区学校里过着苦行僧一般的生活，但对学生充满热情，甚至想要收养其中几名学生。但家长们都拒绝了他的古怪要求，称他为“疯狂的家伙”。

最后路德维希的教育改革梦想破灭，只好离开山区，结束了乡村教师的生活。随后，他又对宗教和种植感兴趣，于是跑去一间修道院做园丁助手。路德维希的姐姐对他的前途很担忧，为了让他有正经事情做，请他帮忙负责建造一所住宅。很快，路德维希又对建筑发生感兴趣，设计出一栋颇具个性的伟大建筑，并因此获得了一名建筑师的身份。

1927 年，一些喜爱路德维希《逻辑哲学论》的人组成学术圈子，专门研讨他的哲学思想。但路德维希却拒绝加入他们的圈子，认为这群人根本不理解自己真正的思想。1928 年，39 岁的路德维希萌发了强烈的哲学兴趣，他重返剑桥大学，以《逻辑哲学论》为博士论文，通过了由罗素和摩尔主持的博士答辩。之后他留在剑桥教授哲学，并于 1939 年成为哲学教授。

到了 1947 年，58 岁的路德维希坚信哲学教授是“一份荒唐的工作”，于是他从剑桥辞职，专心在家中思考并写作。1951 年，路德维希因病去世，结束了他任性又充满传奇的一生。路德维希在当时被称为“天才人物的最完美范例”，他的人生充满了热情、深刻、认真、纯正，是一个出类拔萃的全能智者。罗素将他视为终身好友，他说认识路德维希是一生中“最令人兴奋的智慧探险之一”。

路德维希一生中的很多行为都令人大惑不解，这也正是他任性和洒脱的表现。很少有人能够像路德维希一样，想做什么就做什么，而且做得十分认真坦然。对于成年人来说，许多东西一旦拥有，便很难再放下，但是路德维希却做到了，他的任性单纯又美好，让他成就了世界哲学史上一代传奇。

**犹太人羊皮卷智慧：允许任性的存在**

在许多人眼里，叛逆任性的孩子没有前途。但是犹太人却把任性当做是孩子的特权，甚至是理所当然的美好天性。纵观卡尔和路德维希父子的一生，他们都是任性洒脱的代表人物，即便在成年之后，仍然具有孩子般的任性和热情。他们的一生都在追求自由不羁的生活，常常离家出走，常常改变兴趣，去探索外面未知的世界，去寻求无边无际的知识宝库。

允许任性的存在，就是给任性背后的潜能留有余地和发展空间；扼杀孩子的任性，同时也有可能毁灭了孩子的潜能。每个孩子都有任性的权利，正是这股任性，让孩子对世界产生独特的见解，施展出无穷无尽的创造力。无论是孩子或成年人，适当的任性都是一种自我宣泄的方式，可以将压抑的情感以健康的方式抒发出来。所以，允许孩子适当的任性，并不一定是纵容，或许是成为孩子萌生天赋的一种契机。

**图书在版编目(CIP)数据**

犹太人密码:世界上最聪明的思维方式和生存哲学 / 王颖著.
—北京:时事出版社,2015.7

ISBN 978-7-80232-856-3

Ⅰ. ①犹… Ⅱ. ①王… Ⅲ. ①犹太人-人生哲学-通俗读物
Ⅳ. ①B821-49

中国版本图书馆 CIP 数据核字(2015)第115779 号

出 版 发 行:时事出版社
地　　　址:北京市海淀区万寿寺甲 2 号
邮　　　编:100081
发 行 热 线:(010)88547590　88547591
读者服务部:(010)88547595
传　　　真:(010)88547592
电 子 邮 箱:shishichubanshe@sina.com
网　　　址:www.shishishe.com
印　　　刷:北京建泰印刷有限公司

开本:787×1092　1/16　印张:18　字数:226 千字
2015 年 7 月第 1 版　2015 年 7 月第 1 次印刷
定价:33.80 元
(如有印装质量问题,请与本社发行部联系调换)